读中华 学科学丛书

丛书主编	廖伯琴
丛书副主编	李远蓉　谢建平　张廷艳　霍　静　李富强 王　强　杨新荣

丛书编写人员（按姓氏笔画排序）

王　纯	王　强	王瑞涵	王翠丽	文　婷
邓　涵	邓　磊	邓伍丹	邓时捷	叶子涵
田　燕	代秀男	邢宏光	朱馨雅	刘小慧
刘丽萍	刘明静	牟　金	李　毅	李太华
李丹洋	李远蓉	李富强	杨　文	杨　其
杨　姣	杨　晗	杨新荣	肖　红	吴斯莉
旷　柳	张天涯	张正严	张廷艳	张诗雨
陈　信	陈　雪	陈　澜	陈丽伉	陈海霞
陈朝东	陈婷婷	林小波	周宏景	郑伟太
郑自展	姜祎欣	骆　丹	郭柳君	郭诗静
陶　飞	彭余泓	程超令	曾　江	谢　芳
谢建平	廖亚男	廖伯琴	熊　慧	黎昳哲
霍　静				

《中国传统文化的数学之光》编写人员

主编　　张廷艳

副主编　杨新荣

编写人员　（按姓氏笔画排序）

邓伍丹　叶子涵　代秀男　刘小慧　刘明静

李　毅　李丹洋　杨　文　杨新荣　何泳采

张天涯　张廷艳　张诗雨　陈　澜　陈朝东

林小波　郑伟太　骆　丹

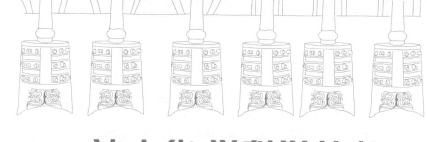

读中华 学科学丛书

中国传统文化的数学之光

张廷艳　主编

杨新荣　副主编

温馨提示：请在成人监护下，安全做实验！

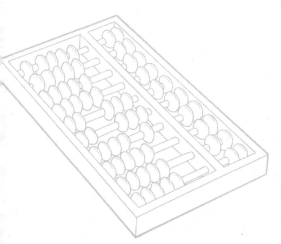

化学工业出版社

·北京·

内 容 简 介

本书以中华优秀传统文化中蕴含的数学元素为素材，用通俗易懂的语言阐述古代建筑、文物、科学典籍、民间艺术、数学成就等传统文化中蕴含的数学知识并加以科学解释，涉及数、数的运算、方程、函数、图形、概率、数学思想等内容。本书通过"数尽其用"栏目进一步拓展数学应用，通过"躬行实践"栏目引导读者动手实验。适合小学高年级及中学生阅读。

图书在版编目 (CIP) 数据

中国传统文化的数学之光 / 张廷艳主编；杨新荣副主编 . 一北京：化学工业出版社，2023.8（2025.2 重印）
（读中华　学科学丛书）
ISBN 978-7-122-43356-5

Ⅰ . ①中… Ⅱ . ①张… ②杨… Ⅲ . ①数学 – 少儿读物
Ⅳ . ① O1-49

中国国家版本馆 CIP 数据核字 (2023) 第 072385 号

责任编辑：曾照华
责任校对：边　涛
装帧设计：溢思视觉设计 / 姚艺

出版发行：化学工业出版社
　　　　　（北京市东城区青年湖南街 13 号　邮政编码 100011）
印　　装：中煤（北京）印务有限公司
710mm×1000mm　1/16　印张 $11\frac{1}{4}$　字数 115 千字
2025 年 2 月北京第 1 版第 2 次印刷

购书咨询：010-64518888
售后服务：010-64518899
网　　址：http://www.cip.com.cn
凡购买本书，如有缺损质量问题，本社销售中心负责调换。

定　　价：69.00 元

丛书前言

中华民族历史悠久，中华传统文化博大精深，是中华文明成果根本的创造力，是民族历史上道德传承、各种文化思想、精神观念形态的总体。中华传统文化经历有巢氏、燧人氏、伏羲氏、神农氏(炎帝)、黄帝(轩辕氏)、尧、舜等时代，再到夏朝建立，一直发展至今。中华传统文化与人们生活息息相关，以文字、语言、书法、音乐、武术、曲艺、棋类、节日、民俗等具体形式走进人心。中华传统文化以其深邃圆融的内涵、五彩斑斓的外延推进人类文明的进程。

"科学"来自英文science的翻译。明末清初，西方传教士携来有关数学、天文、地理、力学等自然科学知识，当时便借用"格致"称呼之。"格致"最早出自《礼记·大学》，"格物、致知、诚意、正心、修身、齐家、治国、平天下"，这是所谓"经学格致"。后来借用的"格致"与"经学格致"已有区别，它更强调自然知识与技术，不仅含实用技术，而且有高深学理，因此又被称为"西学格致"。我国早期的"科学"教育分为文、法、商、格致、工、农、医等科目，格致科以下再分算学、物理、化学、动植物、地质、星学(天文)等。可见，当时人们对"科学"及"科学"教育的理解是比较宽泛的。随着时代的发展，学校的科学课程设置逐渐转为侧重自然科学，科学教育也通常指自然科学教育。不过，对"科学"的广义理解仍然存在，如心理科学、教育科学、社会科学等术语的出现便是例证。

正是由于"中华传统文化"与"科学"的交集，"读中华 学科学"丛书应运而生。该丛书由西南大学科学教育研究中心组织编写，由西南大学教师教育学院教师领衔组建编写队伍，经过大家不懈努力完成。此丛书含四个分册——《中国传统文化的物理之光》《中国传统文化的化学之光》《中国传统文化的生物之光》《中国传统文化的数学之光》，分别从中华传统文化，如节日、古文、古诗、词语、乐曲、赋、民族音乐、民族戏剧、曲艺、国画、书法等，探索中华先辈的理性之光，发掘中华传统文化中蕴含的物理学、化学、生物学及数学知识，并对其进行分析解释，展示这些传统文化蕴含的科学思想等。同时，本丛书既注重实践操作，通过精彩实验等让读者体会"做中学"的乐趣，而且注重联系生活实际与现代科技，引导读者从文化走向科学，从生活走向科学，从科学走向社会，培养广大青少年的科学素养。

为促进科学教育育人功能的落实，促进全民科学素养的提升，西南大学科学教育研究中心自2000年始，集全国相关研究之长，以跨学科、多角度及国际比较的视野，持之以恒地探索科学教育的理论及实践，推出了科学教育系列成果。其中，科学教育理论研究系列，侧重从科学教育理论、科学课程、教材、教学、评价等方面进行研究，如《科学教育学》等；科学普及系列，侧重公民科学素养的提升，如"物理聊吧"丛书、"一做到底——让孩子痴迷的科学实验"丛书等；科学教育跨文化研究系列，从国际比较、不同民族等多元文化视角研究科学教育，如《西南民族传统科技》等；科学教材系列，编写新课标版教材，翻译国外优秀教材，如获首届全国优秀教材一等奖的《物理》以及世界知名"FOR YOU"教材中文版等。现在推出的"读中华　学科学"丛书进一步丰富了科学普及系列的成果，为科学教育理论及实践的探索又增添了一抹亮色。

"文化是一个国家、一个民族的灵魂。文化兴国运兴、文化强民族强。没有高度的文化自信，没有文化的繁荣兴盛，就没有中华民族伟大复兴"，我们推出"读中华　学科学"丛书，旨在弘扬中华民族的灿烂文化，培养广大青少年的文化自信及实现中华民族伟大复兴的责任感与使命感。

廖伯琴

2021年8月19日

于西南大学荟文楼

前言

屹立于历史长河五千多年的中华优秀传统文化，蕴含着极其丰富而又珍贵的精神财富。加强中华优秀传统文化教育，是深入学习贯彻习近平文化思想和习近平总书记关于教育的重要论述的重要举措，是培育和践行社会主义核心价值观，落实立德树人根本任务的重要基础。伴随新课改的不断深入，在数学教学中渗透中华优秀传统文化，促进课程育德已成为广大数学教师的共识。

当前，《义务教育数学课程标准（2022年版）》明确指出将中华优秀传统文化等重大主题教育有机融入课程，增强课程思想性。新编数学教科书也新增了一些关于传统文化的内容，但限于教科书篇幅所限，所呈现的中华优秀传统文化内容广度、深度以及与课程内容联系的密切性都相对局限，这便给教师对教科书中中华优秀传统文化内容的整体把握与深入了解，对教学中深度挖掘与深度融合中华优秀传统文化中的数学元素等方面带来了挑战。基于此，我们尝试在中华优秀传统文化与数学之间寻找连接点，精心编写了本书，引导青少年在汲取中华传统文化中领悟古人的数学智慧，在数学学习中感知中华优秀传统文化的博大精深，进而增强中华民族的文化认同感和自豪感，激发学生对数学的学习兴趣，也为教师教学提供丰富的教学资源。

本书的编写特色如下。

第一，体现时代性。编写理念体现新时代的育人要求和数学课程改革导向，在内容选择上注重跨学科融合，在学习任务布置中注重学生的动手操作和实践。本书以中国传统文化中蕴含的数学元素为素材，涉及科学典籍、数学成就、建筑文物、民间艺术、舞蹈、民俗等方面，纵横兼顾，让读者在了解我国古代数学成就的同时，也知晓数学知识在实际生活中以及在其他领域的应用，拓宽视野。

第二，突出实用性。本书内容分别从数、数的运算、方程、函数、图形、概率、数学思想八个部分介绍传统文化中的数学，以中华传统文化中蕴含的数学问题、数学知识为载体，介绍数学方法、数学思想和数学应用。全书共八章，通过设立"数尽其用""躬行实践"等栏目，具有读、教、学兼备的功能，方便教师和学生选择与使用。

第三，凸显趣味性。

本书以科普阅读为主，内容丰富多彩，语言通俗易懂，涉及的知识内容符合义务教育阶段学生的特点，以能讲清传统文化中蕴含的数学知识为宜，具有较强的可读性；编写形式图文并茂，能让读者在轻松愉悦的阅读中汲取传统文化的养分，理解抽象难懂的数学知识。

本书由张廷艳担任主编，杨新荣担任副主编。张廷艳负责全书的整体架构设计、样章撰写、统稿和校稿，杨新荣参与全书整体架构的设计并负责校稿。各章撰写人员分工如下：第1章由张廷艳、李丹洋编写；第2章由叶子涵、张诗雨编写；第3章由杨文、张天涯、郑伟太编写；第4章由杨新荣、陈澜编写；第5章由骆丹、李毅、刘明静编写；第6章由陈朝东、林小波、何泳采编写；第7章由邓伍丹、代秀男编写；第8章由李丹洋、刘小慧编写。上海市长宁区教育学院栗小妮博士和山东师范大学孙丹丹博士通读了全稿并给出了详尽的修改意见。肖红、李丹洋、张诗雨、代秀男参与了全书的校稿工作。在此，特对在编写过程中给予支持和帮助的学校领导、老师及所有编者表示感谢！

在编写过程中参阅国内多篇学术文献和著作，在此表示感谢！书中若有疏漏和不足之处，敬请广大读者批评指正。

张廷艳

2024年3月于西南大学

目录

第1章　心中有"数"

第2章　神机妙算

第3章　解秘方程世界

第4章 函数"时"空

第5章 识图知性

第 6 章 "形"移物换

第7章 洞彻数理

第8章 数学之思

参考文献

第1章 心中有『数』

1.1 "数"不胜数

数字是我们生活中不可缺少的伙伴,生活中处处都有"数"。古人常常以"数"为题或将数字嵌入诗里,表达诗歌的深远意境,这类诗歌称为"数字诗"。如:

"危楼高百尺,手可摘星辰。"(《夜宿山寺》)

"千山鸟飞绝,万径人踪灭。"(《江雪》)

"将军百战死,壮士十年归。"(《木兰诗》)

这些脍炙人口的诗句里嵌入了"十、百、千、万"的计数单位。还有的诗句巧妙地融入了1~10的十个自然数字,读起来朗朗上口:

"一去二三里,烟村四五家。亭台六七座,八九十枝花。"

(《山村咏怀》)

"一片两片三四片,五六七八九十片。千片万片无数片,

飞入梅花总不见。"(《咏雪》)

数字是人们进行表达和计算的工具,那么数字是如何演变和发展的呢?

1.1.1 计数的演变:从结绳计数到十进位值制计数法

上古无文字,结绳以记事。《周易·系辞下》中说:"上古结绳而治,结绳为约。事大,大结其绳;事小,小结其绳。"鲁迅先生在

《门外文谈》中也曾提到家乡的人会在裤带上打一个结防止忘记紧要的事情。结绳计数是一种表示和记录数字的方式（图1.1）。

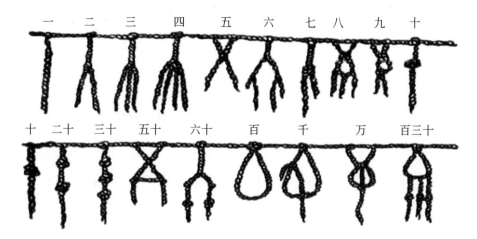

图1.1　结绳记事、计数

和结绳计数同时期出现的是刻痕计数，就是在某种物件上刻划一些符号以计数。我国古人往往在动物骨片、竹片等物件上刻划计数，见图1.2。此木刻原十二个缺口已被削平两个，表示已过去了两天。

图1.2　木刻计数

但是，用结绳和刻痕的方法进行计数，当数字很大时，就会失去其准确性，因此人类需要创造数字符号或记录更大数的方法来弥补这种缺陷。1、2、3、4、5、6、7、8、9、10、100、1000、10000在甲骨文中已有记载（图1.3），可以看到商周时代刻在龟甲或兽骨上的数字形式已具备现在所使用汉字形式的雏形。

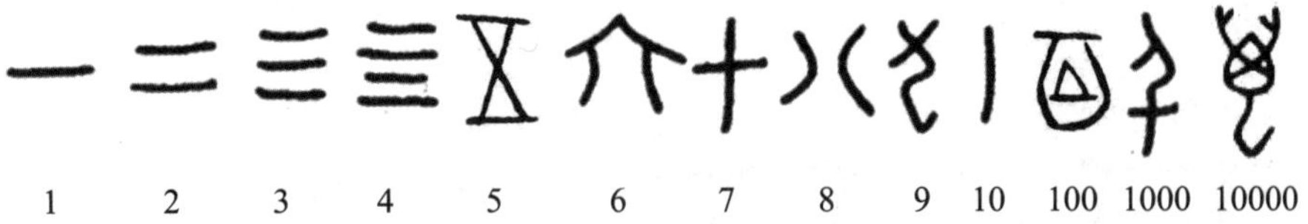

1	2	3	4	5	6	7	8	9	10	100	1000	10000

图 1.3　甲骨文表示的数字

随着计数的需要，算筹计数法和十进位值制计数法应运而生。

我国是世界上最早产生十进位值制这一概念并确立完善的十进位值制计数法的国家。春秋战国时期，我国就开始使用算筹，算筹计数法是早期比较普遍又典型的十进位值制计数法。

把算筹进行不同的摆放可以表示不同的数，如"☰▎"和"☰‖"，分别表示为41和53。我国古代著作《孙子算经》中给出如何表示一个多位数的方法，"凡算之法：先识其位，一从十横，百立千僵，千十相望、万百相当"。算筹的纵横交错摆放，准确地指出了各个数码所在位置，而且不易混淆。根据后来的记载可知，用算筹摆数字由右向左进位，摆法有纵式和横式两种（最早载于《孙子算经》）。

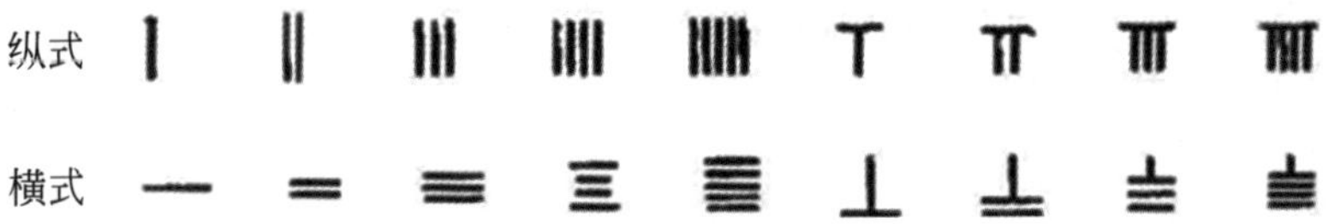

以上摆放的数字分别为1、2、3、4、5、6、7、8、9。一个具体数目则纵、横相间摆出，奇数位为纵式，偶数位为横式，遇有零则空位。这种计数法成了计数和计算领域的革命性发明，符合十进

位值制原则，即"逢十进一"，每个数位上的数字不会超过9。

算筹还可以表示各种代数式，进行各种代数运算。我国古代在数字计算和代数学方面取得的辉煌成就，和算筹有密切的关系。秦汉之际，我国便出现了完整的十进位值制，唐朝时期传入天竺国（古印度），比我国晚了一千多年。现代数学中的数学分科"运筹学"，其名称也来源于古代算筹。

十进制的计数方法是古代最先进、最科学的计数法，至今仍然发挥着重要作用。一方面，十进位值制计数法包括位置制和进位制，它给予了计数的简化与计算的方便，马克思称赞它是"最美妙的数学发明"。它可以简洁明了地表达数，比如，我们来对数字128进行拆解：8在个位上，因此可以写成 8×10^0，2在十位上，因此可以写成 2×10^1，1在百位上，因此可以写成 1×10^2，即

$$128 = 1 \times 10^2 + 2 \times 10^1 + 8 \times 10^0 = 1 \times 100 + 2 \times 10 + 8 \times 1$$
$$= 100 + 20 + 8 = 128。$$

另一方面，"十进制"打通了不同数集之间的关联，通过感悟"十进制"数的意义，体会计数的规律，可以帮助我们把握整数、小数和分数的一致性。可以这样说，如果没有十进制，后世的科学研究和技术研究就很难进行。我国著名数学家吴文俊院士曾表示，十进位值制计数法对世界文化的贡献之大，如果不能与火的发明相比，也是可以与火药、指南针、印刷术等发明相媲美的。

1.1.2　数尽其用——数系的扩充

中国的计数符号不断演变与发展，从结绳计数、刻痕计数到殷墟甲骨文中13个计数符号、算筹计数、十进位值制的发明使用，所研究的数都是自然数。由于社会生产力的发展和数学内部发展的需要，数系也在不断地扩充中。

负数概念最早起源于经济生活中的不足和亏损，李悝在《法经》中就有"不足四百五十"的说法，居延汉简中则有许多"负算"实例，这些都是负数概念的现实原型。随着人类对数的认识的深入，必然认识到存在着具有相反意义的量。据记载，中国是最早认识和使用负数的国家，《九章算术》方程章解线性方程组过程中遇到了减数大于被减数的情况，提出了正负术。魏晋著名数学家刘徽在《九章算术注》首次明确提出了正数和负数的概念，并用红色、黑色两种颜色的算筹分别表示正数和负数，或者以正、斜排列的算筹表示正数与负数。负数的产生解决了在自然数集范围内解 $x+2=0$ 这类方程无解的情况，至此，自然数集扩充为整数集。

整数集的产生带来了很大帮助，但进行计算和测量时又遇到了麻烦。几个人一起分一个饼，这时每个人分到的量既不是"1"（整个饼），也不是"0"（完全没有分到）。为了解决物品分配的问题便产生了分数，需将饼平均分成若干份，用一份或几份来表示每个人所得量（图1.4）。我国很早就开始使用分数，《九章算术》中"方田"章里就记录了分数四则运算法。和负数的产生一样，分数的产生也可解决在整数范围内解 $3x-2=0$ 这类方程无解的情况。分数和整数统称为有理数，于是整数集扩充到有理数集。

图 1.4　分饼

生活中我们接触和使用最多的就是有理数，但在公元前500年前后，毕达哥拉斯学派的门徒希帕索斯发现并证明了边长为"1"的正方形对角线长"不可公度"（不能表示成两个整数之比），由此引发数学史上第一次数学危机。在中国，《九章算术》"少广"章中记录了开平方术与开立方术，开方术在叙述了开平方的程序之后说："若开之不尽者为不可开，当以面命之。"术文中的"面"就是开方不尽之数的方根，"某数之面"就是以某数为面积的正方形的边长。若一个正方形的面积为3，则可知其边长是"$\sqrt{3}$"。类似$\sqrt{3}$这样"开之不尽"的数就是无理数，无理数的出现也可使$x^2-3=0$这类方程找到相应的解。有理数和无理数构成了数学中的重要数集——实数集。

随着人们对新知的探索，新的矛盾又产生了，某些代数方程的解已超出了实数范围，实数集需要进一步扩充。虚数单位i的产生使得$x^2+1=0$这类方程可以求解，于是实数系又进一步扩充到复数系……（图1.5）"数"还在不断发展壮大来满足社会需求与数学发展需要，"数"也将会在人们不断探索和实践中逐渐完善和丰富。

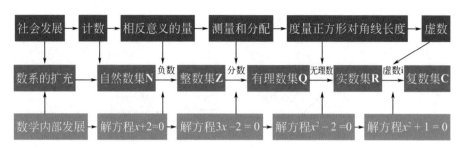

图 1.5 数系的扩充

1.1.3 躬行实践——制作无理数刻度尺

【情境】

请你利用所学知识，将 $\sqrt{2}$、$\sqrt{3}$、$\sqrt{5}$、$\sqrt{6}$、$\sqrt{7}$、$\sqrt{8}$ 的长度作为刻度，自己动手制作一把简单的无理数刻度尺。

【准备】

A4纸，圆规，直尺，剪刀。

【注意事项】

① 使用圆规绘图时操作要规范，小心针刺到手；使用圆规时不要嬉戏打闹，以免被针刺伤；圆规使用完毕后，不要随处乱扔，需妥善放置。

② 不要拿尺子玩耍，塑料尺子很容易折断，会划伤手。

③ 使用剪刀时不要嬉戏打闹，注意安全；严禁使用裁缝剪刀。

【步骤】

① 构造 $\sqrt{2}$：作边长为1的正方形，连接对角线，根据勾股定

理（在一个直角三角形中，两条直角边的平方之和等于斜边的平方），得到对角线长为 $\sqrt{2}$。

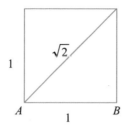

② 标出 $\sqrt{2}$：记 A 为原点 O，以 A 为圆心、对角线 $\sqrt{2}$ 为半径画弧交 AB 延长线于一点，这一点即为 $\sqrt{2}$。

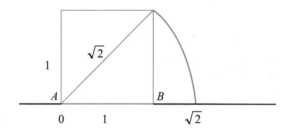

③ 构造 $\sqrt{3}$：构造一个长、宽分别为 $\sqrt{2}$ 和 1 的矩形，则通过勾股定理可得它的对角线长为 $\sqrt{3}$。

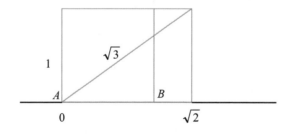

④ 标出 $\sqrt{3}$：以 A 为圆心、$\sqrt{3}$ 为半径画弧交 AB 延长线于一点，记为 $\sqrt{3}$。

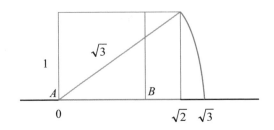

⑤ 重复上述步骤，分别画出 $\sqrt{5}$、$\sqrt{6}$、$\sqrt{7}$、$\sqrt{8}$。

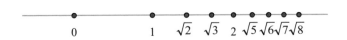

⑥ 利用剪刀，剪下刻度尺即可！

1.2 奇妙的"祖率"

　　祖冲之，字文远，南北朝时期杰出的数学家、天文学家。他在刘徽所开创的"割圆术"基础上，进一步得出精确到小数点后7位的"圆周率"，给出不足近似值3.1415926和过剩近似值3.1415927，还得到两个近似分数值，密率355/113和约率22/7，这一纪录在世界上保持了一千年之久。为纪念祖冲之对中国圆周率发展的贡献，人们将这一推算值用他的名字命名为"祖冲之圆周率"，简称"祖率"。

　　德国的一位数学家曾经说过："历史上一个国家所算得的圆周率的准确程度，可以作为衡量这个国家当时数学发展的一个标志。"由此可见，古代中国的数学发展在当时是遥遥领先的。在没有电子计算机技术的情况下，古代中国数学家是如何计算圆周率 π 的近似值呢？下面，就让我们一起来感悟我国古人的智慧。

1.2.1　圆周率π的起源

圆形是生活中最常见的图形之一。例如，古代中国的马车车轮是圆形的，农田中也有圆田。为了生产生活的需要，需要对圆进行测量与计算，在计算圆的周长和面积的过程中，圆周率π随之产生。

在《九章算术》第一章"方田"中，前人提出了"半周半径相乘得积步"（积步：面积）的方法来计算圆的面积。若用 S 表示圆面积，r 表示圆的半径，即为：$S = \dfrac{2\pi r}{2} \cdot r = \pi r^2$。我们惊喜地发现，前人求圆面积的公式与今天圆面积的公式在形式上完全一致！但如果继续阅读《九章算术》便会发现，在"半周"的计算上，古人利用的是"周三径一"的求解方法，即" $\dfrac{周长}{直径} = \dfrac{3}{1}$ "，并非今天人们所熟知的 $\dfrac{周长}{直径} = \pi$。也就是说，最初古人对圆周率π的认识还不够精确。据《隋书》记载，刘歆、张衡、刘徽、王蕃、皮延宗等人都早已发现了圆周率不够精确的问题，并尝试解决。其中最受后人推崇的，是刘徽创造性地提出了割圆术的方法。他从圆内接正六边形起步，通过分割、求和、再分割等步骤，使正多边形的面积与圆逐渐相合（图1.6），这样就可以利用正多边形的面积替代圆面积，计算出更为精确的圆周率。最终，刘徽利用逼近的思想计算到圆内接正3072边形，得到了π的近似值3.1416。

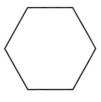   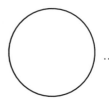

正六边形　　　正十二边形　　　正二十四边形　　　正四十八边形

图 1.6　正多边形

　　对于没有计算器的古人来说，笔算出这个结果已经很出色了，而南北朝时期的数学家、天文学家祖冲之，更是着实让我们见识到了我国古代数学家的执着与智慧。据《隋书》记载，祖冲之得到圆周率的结果是：以圆径一亿为一丈，圆周盈数三丈一尺四寸一分五厘九毫二秒七忽（该值大于真实值），朒数三丈一尺四寸一分五厘九毫二秒六忽（该值小于真实值），正数在盈朒二限之间。因此，祖冲之得到圆周率在 3.1415926 到 3.1415927 之间。可以发现，类似于自然数的计数单位（如个、十、百、千、万等），祖冲之清晰地表达了十进制的小数单位——尺、寸、分、厘、毫、秒、忽，表述到小数点后七位。由此可见，中国古代人民对于小数的理解和表达都是深刻的，祖冲之求出的圆周率近似值的精确度，直到一千年后才被西方数学家超越。

1.2.2　数尽其用——"记里鼓车"的计量原理

　　"记里鼓车"是中国古代发明的计量道路里程的仪器，由"记道车"发展而来。有关"记道车"的文字记载最早见于汉代刘歆的《西京杂记》："记道车，驾四，中道。"由此可见，在我国西汉时期就已经出现了这种可以计算道路里程的车，到后来，因为加了"行一里路打一下鼓"的装置，故名"记里鼓车"。

"记里鼓车"外形是独辕双轮，车箱内有立轮、大小平轮、铜旋风轮等，轮周各出齿若干（图1.7）。记里鼓车通过鼓镯的音响分段报知里程，它下层设鼓，上层设镯。车子行进一里，下层木偶击鼓一次；车子行进十里，上层木偶击镯一次。利用齿轮使得车轮每转一定圈数就自动敲一下鼓，只要记下鼓声，便可以得知行驶的具体路程。实际上，这与现代汽车上的里程表原理相同。"记里鼓车"的计量原理就是根据圆转动的行程等于圆的周长乘以圆转动的圈数，而圆的周长的计算需要用到"祖率"。

图1.7 邮票中的记里鼓车

"记里鼓车"的经典计量原理是我国古代计量发展史上的一大

发明，通过祖率计算出车轮的周长，计量检测水平的提高使"祖率"成为中华民族对世界科学发展的一大贡献。记里鼓车的创造也为当代计量事业奠定了深厚的基础。

类比"记里鼓车"的原理，出租车行驶里程的计算就是利用圆周长公式计算出轮胎转一圈走过的距离，再记录下轮胎的转数，相乘即可得到行驶的里程。除此之外，圆周率还有许多其他应用，如圆周率的计算不仅能够确定数学公式的优越性，同时也能用于衡量计算机的性能，人们通过计算机计算π精确值的速度和稳定性，来考察计算机的指标和性能；国际上也经常利用π的近似值来检测和训练人脑的记忆广度和速度；在现代密码学中，借助圆周率的数值，我们就能够得到无数个密码的密码源文，并据此编制出常规统计学方法根本无法破译的密码。

1.2.3 躬行实践——割圆术求圆周率

【情境】

刘徽首创了"割圆术"——通过计算圆内接正多边形的周长和面积，从而求得圆的周长和面积。圆内接正多边形的边数越多，其周长和面积就越接近圆的周长和面积。用割圆术来计算圆周率的方法蕴含极限思想，刘徽用这种方法计算了圆内接正192边形的周长，得到了圆周率的近似值 $\pi = \dfrac{157}{50} = 3.14$，后来又计算了圆内接正3072边形的周长，得到了圆周率的近似值 $\pi = \dfrac{3927}{1250} = 3.1416$。接下来让我们一起来了解一下刘徽的计算方法。

【数学原理】

采用割圆术计算圆周率，将圆分割成正多边形，分割得越细，正多边形的边数就越多，正多边形的面积和周长就与圆的面积和周长越接近，如此割了再割，最后正多边形与圆合为一体，毫无差别。

【步骤】

1.首先观察单位圆内接正六边形，可以看到，正六边形的面积显然和圆面积相差甚远。将正六边形进一步分割为正十二边形，正十二边形的面积与圆面积逐渐趋近，如图1.8所示。

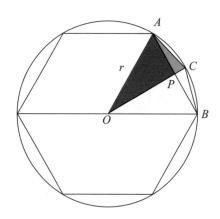

图1.8　圆内接正多边形示意图

2.计算正十二边形的面积：

设AB是单位圆$r=1$的圆内接正六边形的一边，点C平分AB弧，那么AC是圆内接正十二边形的边。如果已知AB的长度a_n，如何求AC的长度a_{2n}?

$$|AP| = \frac{1}{2}|AB| = \frac{1}{2}a_n \,, \quad a_{2n} = |AC| = \sqrt{\frac{1}{4}a_n{}^2 + |PC|^2} \,,$$

$$|PC| = |OC| - |OP| = 1 - |OP| \,, \quad |OP| = \sqrt{|OA|^2 - |AP|^2} = \sqrt{1 - \frac{1}{4}a_n{}^2} \,,$$

$$\therefore a_{2n} = \sqrt{\frac{1}{4}a_n{}^2 + \left(1 - \sqrt{1 - \frac{1}{4}a_n{}^2}\right)^2} = \sqrt{2 - \sqrt{4 - a_n{}^2}}$$

①

已知 $a_6=1$，则由上式可以推出 $a_{12}=\sqrt{2-\sqrt{3}}$，

因此，正十二边形的面积 $S_{12}=6\times\dfrac{1}{2}|OC|\cdot|AB|=3$。

3.计算正 a_{2n} 边形的面积：

由式①可知， $a_{2n}=\sqrt{2-\sqrt{4-a_n{}^2}}$ ，当 $a_6=1$ 时，则可由该式推出 a_{12}， a_{24}，…

从上述计算过程中不难发现，正 $2n$ 边形的面积等于正 n 边形的面积加上 n 个等腰三角形的面积，即

$$S_{2n}=S_n+n\cdot\frac{1}{2}\cdot a_n(1-|OP|),n\geqslant 6$$

由 $a_6=1$，有 $S_{12}=\dfrac{3\sqrt{3}}{2}+6\times\dfrac{1}{2}\times(1-\sqrt{1-\dfrac{1}{4}})=3$，与几何计算结果一致，

同理，可以得到 S_{24}， S_{48}，…

分割得越细，正多边形的面积与圆的面积就越接近，计算出的圆周率的精确值也就越高，你感受到古人的智慧了吗？

1.3 美学密码——黄金分割

古往今来，黄金分割一直被后人奉为科学和美学的金科玉律，造就了人类潜意识中根深蒂固的审美模式。那么，作为一种最能引起美感的分割比例，它有什么样的秘密呢？接下来，让我们一起走进美学密码——神奇的黄金分割！

1.3.1 黄金分割与斐波那契数

将任一线段分割成两段，使$\dfrac{\text{大段}}{\text{全段}}=\dfrac{\text{小段}}{\text{大段}}$，如图1.9所示，这样的分割称为黄金分割，这个比值称为黄金比，大小为$\dfrac{\sqrt{5}-1}{2}$，也称黄金率、中末比、黄金分割数、上帝的比例、神圣分割等。黄金比是工艺、建筑、摄影等许多艺术门类中审美的要素之一，它体现了恰到好处的和谐美。

小段　　　　　　　大段

图 1.9　黄金分割示意图

在数学中，黄金分割与斐波那契数列有着紧密联系。首先我们从数学的角度解读《道德经》里"道生一,一生二,二生三,三生万物"这段话，我们能获得一些很有意思的与斐波那契数列有关的数学知识和思想。

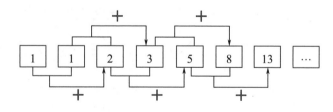

图 1.10　斐波那契数列

如图1.10，从1开始，在1后面再写一个1，依次把两个数相加的和写在后面，我们能得到这样一个无限数列：1，1，2，3，5，8，…这个数列就是数学中著名的斐波那契数列（一个数列的前两项都为

1，从第三项起，每一项是前两项之和）。我们熟知的杨辉三角（图1.11）也暗藏斐波那契数列，如图1.12所示，各斜线方向上的数之和恰好是斐波那契数列的各项。

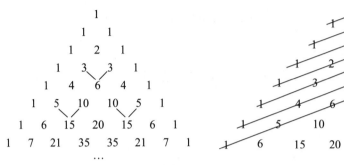

图 1.11　杨辉三角　　　　　　　　　　图 1.12　对杨辉二角所做的变换

斐波那契数列中的任一数，称为斐波那契数。人们发现斐波那契数出现在大自然的许多场合里。比如，大多数植物的花，其花瓣数都恰好是斐波那契数，树杈的数目也是斐波那契数（图1.13）。

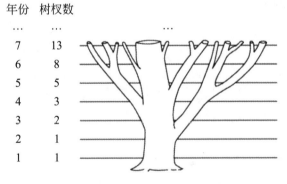

图 1.13　按斐波那契数列增长的树杈

对于斐波那契数列 1，1，2，3，5，8，13，21，…，从第 1 项起，依次把这一项的数与它后面相邻一项的数，写成 $\frac{1}{1}$，$\frac{1}{2}$，$\frac{2}{3}$，$\frac{3}{5}$，$\frac{5}{8}$，…

这样的分数形式，一直写下去，越来越接近值$\frac{\sqrt{5}-1}{2} \approx 0.618$，这个数就是黄金比的值。

1.3.2 数尽其用——无处不在的黄金分割

黄金分割具有严格的比例性、艺术性、和谐性，蕴藏着丰富的美学价值。不仅在艺术领域有着广泛的应用，大自然、宇宙甚至人体构造中也存在着黄金分割。从低等的动植物到高等的人类，从数学到自然现象，几乎都暗含这种比例结构。

在舞蹈、绘画、摄影、建筑等方面人们常常以φ为标准，使得视觉效果最佳。斐波那契调查了大量人体数值后发现，人体肚脐以下部分长度与身高之比（脐身比）接近φ时，最具有美感，也就是说肚脐是人体身高的黄金点。意大利著名画家创作的世界名画《蒙娜丽莎》，其构图遵循了黄金分割的规律。蒙娜丽莎的头宽和肩宽的比接近于φ，脸型接近于黄金矩形（宽长之比为φ）。在摄影实践中也常常运用黄金分割法，将主要表现对象或视觉中心放在黄金分割点。帕特农神庙、埃菲尔铁塔、故宫、东方明珠等建筑的某些尺寸的比例也正好符合黄金分割。

在大自然中也存在着许多具有黄金分割比例的事物。早在中世纪的欧洲，斐波那契就发现美妙的植物叶片、花瓣、松果壳瓣从小到大的序列是以0.618：1的近似值排列的。植物学家们观察到某些植物的生长也是按黄金分割的序列排列的。如果从一株抽枝吐叶的嫩枝顶端看下去，可以看到叶子的排列成一对数螺线，而叶子在螺旋线上的距离恰好符合黄金分割。向日葵的种子也是按特定的对数螺线弧排列的，而它们在螺旋线上的距离也服从黄金分割规律。

黄金分割在人类的生产生活中也有着广泛的应用。人的正常体温在36 ～ 37.2℃，相对于100℃，37℃也是一个黄金分割点。通常，人体会在环境温度为22 ～ 24℃时感到最舒适，因为人的正常体温37℃与0.618的乘积为22.8℃，因此在22 ～ 24℃这一环境温度中，机体的新陈代谢、生理功能均处于最佳状态。此外，在西服的款式设计与结构设计上也体现了黄金分割法的应用。

1.3.3　躬行实践——画出"上帝之眼"

在黄金矩形$ABCD$（$\dfrac{CD}{AD}=\varphi$）中分割一个正方形$ABFE$，如图 1.14所示，$ED=AD-AE=1-\varphi=\dfrac{3-\sqrt{5}}{2}$，则$\dfrac{ED}{CD}=\dfrac{\frac{3-\sqrt{5}}{2}}{\varphi}=\varphi$，矩形 $CDEF$也是一个黄金矩形。这就是所有黄金矩形的一个奇妙之处：一个黄金矩形靠三边分割出一个正方形之后，必然剩下一个黄金矩形。

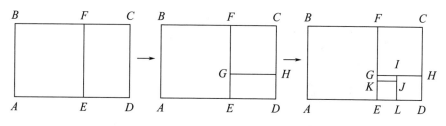

图 1.14　黄金矩形分割

　　再用同样的方法在黄金矩形*CDEF*中做出黄金矩形*DEGH*、黄金矩形*GIJK*。如图 1.15 所示，作出每一个正方形的四分之一段圆弧，并用光滑的曲线连接起来，形成一条真正的螺线，这条螺线经过全部黄金矩形的顶点，所以称为由黄金矩形产生的黄金螺线，简称黄金螺线，其无限接近图中对角线的交点，该交点也被富有想象力的人叫作"上帝之眼"。

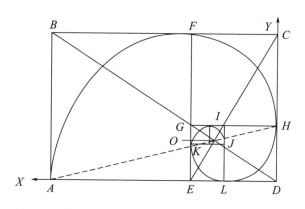

图 1.15　黄金螺线

黄金分割的基本作图法：

在图1.16中，设已知线段 $AB=1$，作 $BD \perp AB$，使 $BD = \dfrac{AB}{2}$，连接 AD，以 D 为圆心、BD 为半径画弧交 AD 于 E，即 $BD=DE$。再以 A 为圆心、AE 为半径画弧交 AB 于点 C，即 $AC=AE$，则 C 就是所求的黄金分割点。同学们能说明原因并尝试画出线段 AB 的另一个黄金分割点吗？

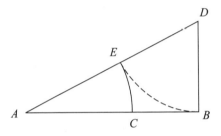

图1.16 黄金分割的基本作图

证明

由勾股定理 $AB^2 + BD^2 = AD^2$ 可知，$AD = \dfrac{\sqrt{5}}{2}$，所以

$$AC = AE = AD - DE = \dfrac{\sqrt{5}}{2} - \dfrac{1}{2} = \dfrac{\sqrt{5}-1}{2}$$（黄金分割数φ），

$$BC = 1 - \dfrac{\sqrt{5}-1}{2} = \dfrac{3-\sqrt{5}}{2}$$，所以 $\dfrac{AC}{AB} = \dfrac{BC}{AC}$，$C$ 为线段 AB 的黄金分割点。

第2章

神机妙算

2.1 以算之道，追本"数"源

算盘起源于中国，是中国古代的一项重要发明。相传黄帝手下有一个叫隶首的人发现人们在日常生产和生活中没有方便的计算工具，于是想出了一个办法：到河滩捡回不同颜色的石片，给每块石片都打上眼，用细绳逐个串起来，每10颗中间串一个不同颜色的石片，串成100个数，放在一个大泥盘上，在上面写清数位，如十位、百位、千位、万位。这就是算盘的雏形。

明代典籍《鲁班木经》中记载的算盘规格已与现在无异，通常有二五珠式和一四珠式，算盘的计算方法为珠算，采用"五升十进"的原理进行计算。珠算的"五升十进位值制"衍化出世界上最完美的手动算具算法，是一种简化、优化了的十进位值制。它始于汉代，至宋走向成熟，元明达于兴盛，清代以来普遍流传。

2.1.1 珠数运算的奥秘

"五升十进"是珠算算法的核心，也是数的运算在数千年发展中凝聚的结果。从远古时期结绳计数中使用"满五进一""满七进一"，进位制开始萌芽；到从自然条件"屈指可数"发现可"满十进一"，以及秦汉之际首次发明"十进位值制"，为运算的发展奠定坚实基础；再到今天电子计算机中使用的二进制，以及生活中使用的七进制、十二进制、十六进制等，进位制在不断演变与发展，但运算始终以"进位制"为核心而运行。

算盘是珠算的工具，由外框、算珠、横梁三部分组成，如图2.1所示。常见的算盘是木制的矩形，外为"框"，中间靠上是固定的"梁"，框内均分十三个"档"。算盘内有上下两组算珠，横梁上面的叫"上珠"，横梁下面的叫"下珠"，二五式算盘上珠2颗，下珠5颗。用算盘计数的时候，用档表示位，高位在左，低位在右，从右到左分别代表"个、十、百、千、万、十万……"（对应分、角、元、十、百、千、万……）；用珠表示数，下珠一颗代表"1"，上珠一颗代表"5"。珠算中的"0"以空档表示；记"1~4"时，下珠往上推靠梁；记"5"时将一颗上珠下拨靠梁，称"满五进一"；记"6~9"要靠兼拨上珠和下珠，上下珠满10时，向左进一位计数，称为"满十进一"。这种计数方法称为"五升十进位值制"。珠算以算盘为工具，通过"顺序计数"，即可完成一切计算。

上珠

横梁

下珠

外框

图2.1 算盘

珠算是中国古代数的运算发展留下的神之妙法。探索运算发展历程，不仅需要关注算法，也需关注算理。

运算不能只知道"是什么"，更要知道"为什么"。例如，有理数乘法法则中规定：两数相乘，同号得正，异号得负，并把绝对值相乘。这其中的算理是什么？正数乘正数的情况，如 $2 \times 3 = 6$，其运算本质为3个2相加，即2+2+2=6；正数乘负数的情况，如（-2）×3=-6，为3个-2相加，即（-2）+（-2）+（-2）=-6；那么负数乘负数的情况，如（-3）×（-2）=6，其算理又是什么呢？不妨先从正数乘负数的情况分析：

$$3 \times (-2) = -6$$
$$2 \times (-2) = -4$$
$$1 \times (-2) = -2$$
$$0 \times (-2) = 0$$
$$(-1) \times (-2) = ?$$

观察上式，我们发现，当第一个因数依次减1，积依次增加2。由此可以得到（-1）×（-2）=2，（-2）×（-2）=4，（-3）×（-2）=6，…，这是理解负数乘法算法的方式之一，其根本原因其实在于保证正数范围内的分配律等在负数范围内依然成立。在运算过程中，算法是我们进行计算的规则，但算理也不可或缺，只有真正理解了算法当中的道理，才能运用自如。

数的运算发展千年以来，从加、减、乘、除到乘方、开方、对数运算等，数的运算在不断地扩充，但万变不离其宗，加法运算是其他运算的基础。如减法是加法的逆运算，乘法是同因数的加法，除法是乘法的逆运算，乘方是同因数的乘法……可见，运算的发展，基础模型是加法，从简单的加法运算不断发展衍生出新的运算，这也正是数学运算的奥秘所在。

2.1.2 数尽其用——数的运算的应用

数的运算是在人类生产、生活中产生和发展起来的，由低级到高级、由简单到复杂，是人们认识客观世界和周围事物的重要工具之一，在代数和几何中都有着举足轻重的地位。

在代数发展过程中，数的运算起着不可估量的推动作用。古人通过不断探索，总结出很多延续至今的代数运算法则。例如，我国的数学瑰宝《九章算术》中系统叙述了分数的运算，"方田"章的问题九为：又有二分之一，三分之二，四分之三，五分之四，问：合之得几何？运用书中记载方法（合分术）得 $\frac{1}{2}+\frac{2}{3}+\frac{3}{4}+\frac{4}{5}=2\frac{43}{60}$。《九章算术》中"方程"章提出的"正负术"在世界数学史上首次阐述了正负数及加减运算法则。关于正负数的乘除法则，则在元代朱世杰的《算学启蒙》中有明确的记载。有了加减法、乘除法、开方、乘方等运算的定义，才有从算术到代数的发展，从初等代数到高等代数的飞跃，才有现代代数、现代数学乃至现代科学的辉煌发展，整个数学乃至整个科学都蕴含着代数运算的风采。

数的运算的作用不仅体现在代数领域，在几何领域也运用广泛。例如《九章算术》第一章"方田"，就主要讲述了平面几何图形的面积计算方法。"有田广十二步，从十四步，问为田几何？答曰：一百六十八步。方田术曰：广从步数相乘得积步。""步"是当时的长度单位，"方田"是古代对正方形和长方形的统称。这个问题是：有一块长方形地，宽12步，长14步，问它的面积是多少？

计算长方形面积的方法就是将宽与长相乘，即为乘法运算。

刘徽对平面几何图形的面积计算方法有注释："此积为田幂。凡广从相乘谓之幂。"他把长和宽相乘的积叫"幂"，即长方形的面积叫做"幂"。自此"幂"作为面积和乘法运算的结果正式登上古代数学的圣殿。直到今天，我们仍将幂看作是一种特殊的乘法运算的结果。求 n 个相同因数乘积的运算，叫做乘方，乘方的结果叫做幂。幂运算在现实生活中具有重要意义，其中指数爆炸增长在数据分析中发挥着极大的应用价值，下面我们通过一个故事来初步感受指数的增长。

印度有这样一个传说：舍罕王打算奖赏国际象棋的发明人——宰相西萨·班·达依尔，国王问他想要什么，他说："陛下，请您往这张棋盘的第1个小格中放1粒麦子，往第2个小格中放2粒，第3小格中放4粒，以后每一小格都比前一小格增加一倍。请您把这样摆满棋盘上所有的64格的麦粒都赏给您的仆人吧！"国王觉得这要求太容易满足了，就命人给他这些麦粒。那么，宰相要求得到的麦粒到底有多少呢？

每格棋盘应该放置麦粒的详细数量：

第1格棋盘：$1=2^0$

第2格棋盘：$2=2^1$

第3格棋盘：$4=2^2$

……

第63格棋盘：$4611686018427387904=2^{62}$

第64格棋盘：$9223372036854775808=2^{63}$

$$1+2+4+8+16+32+64+128+256+512+1024+\cdots+2^{63}=$$
18446744073709551615。

把64格中的麦粒全加在一起，数量巨大。当人们把一袋一袋的麦子搬来开始计数时，国王才发现：就是把全国的麦粒全拿来，也满足不了那位宰相的要求。正是因为幂的运算呈爆炸式增长，才会如此。

可见，幂运算可使数呈爆炸式增长，接下来，就一起通过"做一做"的练习，进一步感受指数的爆炸增长吧！

2.1.3 躬行实践——折纸能达到珠穆朗玛峰的高度吗?

【情境】

假设一张纸无限大，那么对折多少次的厚度可以达到珠穆朗玛峰的高度?

【分析】

在进行计算之前，可以用一张纸尝试对折多次，先感受纸厚度增加的过程。在实际操作过程中，一张普通A4纸最多只能对折7次，在世界纪录中A4纸最多也只被折叠过13次。但是如果一张纸无限大，理论上这张纸是可以无限次折叠下去的。

一般打印纸的厚度为0.2～0.4毫米，我们按照0.2毫米计算，珠穆朗玛峰的高度为8848.86米，即求0.2毫米乘以2的几次方大于8848.86米。

0.2×2²⁶=13421772.8毫米≈13421.8米，也就是说，一张厚度为
0.2毫米的纸，对折26次就可以超过珠穆朗玛峰的高度，可见指数
爆炸增长的速度之快。

2.2　开坛香十里，堆垛坛几何

　　沈括是我国古代著名的科学家，政治家。他观察到酒店里的酒
桶摆放是有规律的：在底层，将酒桶摆放成一个长方形，从底层向
上，逐层长宽各减少一个（图2.2）。他便开始思考：对于这样摆放
的酒桶数量，能否有一个统一的公式进行计算呢？于是他每天都在
酒桶旁苦思冥想，想要推算出计算酒桶个数的简便方法。经过不懈
努力，他成功找到了这个问题的解决方法，并称之为"隙积术"。
隙积术涉及了等差数列的求和。下面让我们一起了解"隙积术"的
发展过程，感受古人在等差数列求和中的运算智慧。

图2.2　隙积摆放图

2.2.1 隙积中的等差数列

隙积的摆放方式为：底层排成一个长方形，每上一层，长和宽两边的堆积物各少一个，上下物体之间为插缝对齐。在计算堆积物总的数量时，可以将上下层堆积物相互对齐，这样堆积物层数不变，且每层长和宽堆积物个数不变，因而堆积物总数也不变。形成相邻两竖面垂直于底面，另外两面呈阶梯状的堆积物。(图2.3)

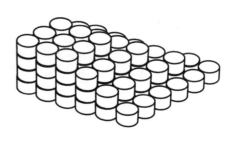

图 2.3　堆积物几何图

那么沿着这个堆积物最上层的边缘往下直切，将整个堆积物分为四部分（图2.4）。左侧分割为长方体，右侧分割为每层数量为1、4、9的阶梯状几何体。前面和后面分割为如图2.5所示的阶梯状几何体，每一层的数量为3、6、9。可以发现，在这一组数中，6（第二个数）-3（第一个数）=9（第三个数）-6（第二个数）。对于这样一组有序排列的正整数，后一个数与前一个数的差始终相等，这样的数列称为等差数列，这个差称为公差。按照这样的规律，可以写出这个数列中无数多个

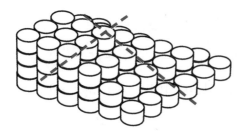

图 2.4　堆积物的分割方式

图 2.5　分割后最前面部分

第 2 章　神机妙算

31

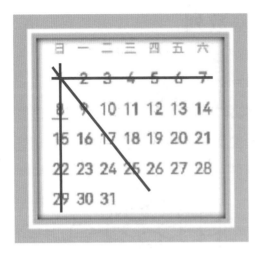

图 2.6 日历中的等差数列

数字：3、6、9、12、15、18⋯

在日常生活中我们可以见到很多等差数列，比如身边的日历（图2.6）：横着看，每一行都是公差为1的等差数列；竖着看，每一列都是公差为7的等差数列；斜着看，也都是公差为8的等差数列。

2.2.2 数尽其用——从高斯算法到等差数列求和

我国古人从有规律排列的酒坛中发明了"隙积术"，运用数形结合的方式推算出了等差数列求和的方法。在几百年后的德国，一位天才数学家也提出了等差数列求和的公式，那就是高斯。

数学课上，老师给孩子们出了一道题目：算一算1 + 2 + 3 + 4 + 5 + 6 + ⋯ + 100等于多少。全班只有高斯很快给出了答案，因为他想到了用(1 + 100) + (2 + 99) + (3 + 98) + ⋯ + (50 + 51)来计算。这个式子一共有50个101，所以50 × 101就是1加到100的和。后来，人们把这种简便算法称作高斯算法。高斯算法的精髓在于分组，利用首尾对称性相加求和。

那么，如何运用沈括等人的数形结合思想来推导高斯算法呢？举一个简单的例子：求 $1+2+3+4$ 的和。将其转化为沈括"隙积术"中呈阶梯状排列的黑色圆形纸片，问题就变为求图中阶梯状排列的黑色圆形纸片的个数问题，如图2.7所示。

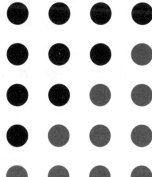

图2.7

图2.7的黑色圆形纸片组成了一个等腰直角三角形，根据求三角形面积公式的思想，我们不妨将其补充成一个长方形，如图2.8所示。

由图2.8可知，圆形纸片的个数为 $(4+1)\times4=20$，是翻倍之前黑色圆形纸片个数的两倍，所以翻倍之前的黑色圆形纸片个数为 $\dfrac{(4+1)\times4}{2}=10$。

图2.8

2.2.3 躬行实践——你能用几何的方法计算 $1+2+3+4+5+6+\cdots+50$ 吗？

用几何的方法计算 $1+2+3+4+5+6+\cdots+50$，用上文所讲的知识画一画吧！

解析：可利用数形结合的思想进行计算（图2.9）。

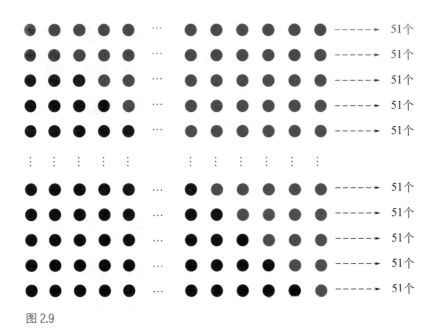

图 2.9

　　计算 1 + 2 + 3 + 4 + 5 + 6 + … + 50 和的问题就变为求图中阶梯状排列的黑色圆点的个数问题。正如上文所说，我们将黑色圆点加上蓝色圆点补充为一个长方形，由图 2.9 所知，黑色圆点个数每行相加为

1 + 2 + 3 + 4 + 5 + 6 + … + 50　　　　　　　　　　　　①

灰色圆点个数每行相加为：

50 + 49 + 48 + 47 + 46 + 45 + … + 1　　　　　　　　②

　　这样所有的圆点个数即为上述两式两加，可以发现：式①的第一个数和式②的第一个数相加为 51，式①的第二个数和式②的第二个数相加也为 51……式①的第 50 个数和式②的第 50 个数相加仍为 51，一共 50 个 51。因此可以得到圆点总数为 51×50=2550，是翻倍之前黑色圆点个数的两倍，所以翻倍之前的黑色原点个数为 1275。

2.3 妙算申帷幄，算法有先后

"今有雉兔同笼，上有三十五头，下有九十四足，问雉兔各几何？"这是我们都很熟悉的鸡兔同笼问题。这类问题的解决方法早在几千年前的《孙子算经》中就有了一定的记载，"上置头，下置足，半其足，以头除足，以足除头，即得"。即假设头数是A，足数是B，则兔子数是$\frac{1}{2}B-A$，鸡（雉）数是$A-(\frac{1}{2}B-A)$。当$A=35$，$B=94$时，足的一半是$\frac{1}{2}B=47$，即兔数为$47-35=12$，鸡数为23。

孙子在此基础上又结合方程思想使用了"方程"算法来解决鸡兔同笼的问题，并且产生了固定的计算步骤，无论数字怎样变化，我们都能够用这一模式来解决它。

这类问题的解题步骤如下。

第一步：用未知数表示所求数量。设鸡有x只，兔有y只。

第二步：利用题目中的等量关系建立方程组。鸡兔同笼问题中的方程为：

$$x+y=A，2x+4y=B$$

第三步："半其足"$x+2y=\frac{1}{2}B$，"以头除足"得$y=\frac{1}{2}B-A$，"以足除头"得$x=2A-\frac{1}{2}B$。

解题过程充分体现了我国古代的算法思想，让我们一起来走进古代的算法思想，感受其独特的魅力吧。

2.3.1 古人的数学算法思想

算法思想来源于中国古算，它给我们提供了解决同一类问题的普遍方法，是中国传统数学的精髓之一，也是中国古代数学领先于世界的伟大成就。《九章算术》记载着很多流传至今的古代算法，比如"更相减损术""开方术""方程术""盈不足术"等。

例如，如何求两个正整数的最大公约数在《九章算术》中早有记载，"可半者半之，不可半者，副置分母子之数，以少减多，更相减损，求其等也。以等数约之"。

意思是：第一步，首先判断它们是不是偶数，如果是，就用2来约分，若不是，就进行下一步；第二步，用较大的数减去较小的数，接着把所得的差和较小的那个数作比较，并且用大数减去小数，继续这个操作，直到所得的减数和差相等为止，那么这个数就是两个正整数的最大公约数。

如分数 $\frac{28}{70}$，将其约分的步骤如下。

第一步：分子分母都是偶数，所以先同时约去2，得 $\frac{14}{35}$，不能再约时，用大数减去小数，即 $35-14=21$；

第二步：比较差与较小的数，反复利用大数减去小数，$21-14=7$；$14-7=7$；7就是等数，也就是14和35的最大公约数，分子分母同时约去7，得 $\frac{2}{5}$，这个分数就是原分数的最简分数。

这种方法就叫做更相减损术。

2.3.2 数尽其用——生活中的最优解

算法作为一个跨越计算机学科和数学学科之间的概念，广义来说，它是一种解决问题的方法与步骤。

日常生活也需要算法。例如，生活中如果遇到自行车车胎损坏的情况，应当遵循怎样的流程进行修理呢？修自行车流程如图2.10所示。

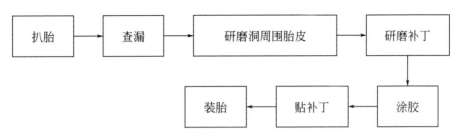

图 2.10　修自行车流程

以上的例子就是完成生活中一件事的简单算法，除此之外，生活中还存在许多涉及计算的算法问题。比如，生活中的买票问题。儿童乘坐火车时，身高若不超过1.1米则不需要买票；身高若位于1.1～1.4米，则需要买半价票；身高超过1.4米，则需要买全票。如何设计算法并画出程序图呢？首先，明确执行该算法的步骤。第一步，测量儿童的身高；第二步，判断该身高所处的区间，执行相对应的票价。程序如图2.11所示。

如今，算法的观念已经渗透到地理科学、物理学、生物学乃至经济学和社会科学等诸多领域，其发展水平关乎国家的科技竞争

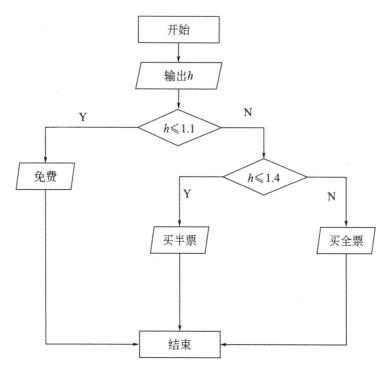

图 2.11　买票程序图

力，所以它在科学技术和社会发展中发挥的作用也越来越大。比如遗传算法是模拟生物的繁殖过程，从而建立的一种简单而又有效的搜索方法，它可以确定地震的震源深度、震中位置和发震时间。又比如，在城市道路规划建设、选址等方面，常常会遇到最优化问题，即最短路径问题，这时就需要利用算法。除此之外，算法在生物信息学中也有较为广泛的应用，例如图算法，指通过特制的线条算图求得问题实例解的一种便捷算法，可以用来进行DNA测序、蛋白质测序等。

2.3.3 躬行实践——如何烙饼

【情境】

烙饼问题：小明的妈妈给小明烙饼，一次可同时烙两张饼，一次只能烙一面，每面都要烙3分钟，如果要烙3张饼，想要最快时间吃上饼，需要多长时间？应该如何烙？请画出烙饼流程图。如果是五张饼呢？

【分析】

想要在最短时间内吃上饼，最重要的一点就是锅不能空着，保证同时烙两张饼。给三张饼分别编号为A、B、C，正反面表示为A正、A反，以此类推。烙三张饼流程如图2.12：

图 2.12 烙饼流程图（三张饼）

如图2.12所示，烙三张饼最快需要3×3=9分钟。如果是五张饼，同理，将饼编号为A、B、C、D、E。烙五张饼流程如图2.13：

图 2.13 烙饼流程图（五张饼）

如图2.13所示，烙五张饼需要3×5=15分钟。

叁

第 3 章
解秘方程世界

3.1　物以类聚

　　淳于髡（kūn），战国时期政治家和思想家。某日，齐宣王要招纳贤士，淳于髡一天之内向齐宣王引荐七个人。齐宣王感到十分惊奇，就对他说："你一天就引荐七位贤士，那贤士不也太多了吗？"淳于髡回答说："不对。假如你要到低湿的地方去采集柴胡、桔梗，那世世代代采下去也不能得到一两；而假如到睾黍山、梁父山的北坡去采集，你就可以敞开车装载。世上万物各有其类，如今我是贤士一类的。君王向我寻求贤士，就像到黄河里去取水，在燧中取火。我向君王引荐贤士，哪能只有七个人呢？"

　　淳于髡所说的道理就是"物以类聚，人以群分"，从数学的角度看，这就是"分类思想"。分类的思想被广泛应用于社会的方方面面，与我们的生活息息相关。在实际生活中，很多问题我们都可以抽象出来，用数学模型进行分析，其中方程就是刻画现实世界数量关系最重要的工具之一。我们往往需要在问题分类、数式整合的基础上建立数量关系来得出方程，因此分类思想成为方程世界中的重要基石。

3.1.1　古人的分类思想：异类相分、同类相聚

　　古人承认事物具有同一性与差异性，即同异性，认为这是分类

的客观基础，众多学术流派都对分类原则有其独到的理解。墨家提出分类的基本原则是"不偏有偏无有"，即分类必须是一方有，一方无，不能以双方共同的属性作为分类的依据，否则只能归大类，不能区分出小类。《荀子》中记录的"类不可两"原则，就是分类后的所有子项之间既不能交叉也不能从属，而且所有子项的外延之和与被分类的对象的外延相等，就是要做到"既不重复也不遗漏"。这些都对后世学者系统研究分类思想产生了重要影响。

纵观中国数学发展史，在古代数学著作《九章算术》中也有分类思想的存在。比如，第七章的"盈不足"问题，把一定数量的物体分给若干个对象，先按某种标准分，结果可能出现三种情况：刚好分完（适足）、多余（盈）、不足（亏）。再按另一种标准分，也可能出现上述三种情况，根据这两种标准分类的结果来求物体和对象的数量。

从数学问题分析的角度看，面对比较复杂的问题，有时无法通过统一研究对象或者整体研究解决，需要把研究的对象按照一定的标准进行分类并逐类进行讨论，再把每一类的结论综合，使问题得到解决，这种解决问题的思想方法就是中学数学领域里应用广泛的"分类讨论"。其实质就是把问题"分而治之、各个击破"，在解决问题的时候能够实现"覆盖全局"的效果。例如在等腰三角形中已知某边长度的时候，由于已知条件给出的边可能是腰，也可能是底边，则需要分两种情形进行分类讨论。例如：已知等腰三角形的两边分别为4和5，求等腰三角形的周长。腰可能是4也可能是5，则三角形三边有4、4、5和4、5、5这两种情况，对应的周长则分别为13和14。

在现代社会，分类的思想不仅仅局限于数学领域，在生活中也会有一些比较有意思的分类方法。如矩阵法，即把事物通过两个维度，进行4个象限的分类，比如把事情分为四类：重要且紧急、重要不紧急、不重要但紧急、不重要不紧急，如图3.1所示。

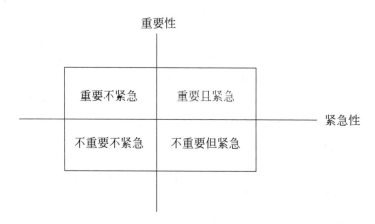

图 3.1　事物分类

3.1.2　数尽其用——合并同类项

根据不同的分类原则，古人演化出了诸多"同类"和"异类"的视角，进而推动了分类思想在各领域的应用与发展。随着分类思想在数学领域的不断深入，我们不难发现分类在数学研究中带来的诸多便利。如实数的分类（图3.2），几何体的分类（图3.3）等。

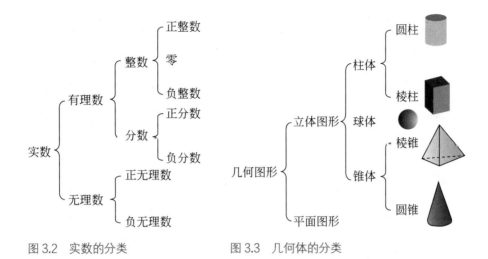

图 3.2　实数的分类　　　　图 3.3　几何体的分类

除了排除异类，分类的目的在数学上更重要的就是简化统计、方便计算，尤其是代数式的运算。而在代数式运算过程中，首先需要找出具有相同特征的代数式，再将其进行合并，就像物品分类与整理一样。我们把代数式中具有相同特征即所含字母相同，并且相同字母的指数也相同的单项式，叫作同类项。例如：在多项式 $3a^2 - 4ab^2 - 5a^2 - 7 + 15ab^2 + 29$ 中，$3a^2$ 与 $-5a^2$ 是同类项，$-4ab^2$ 与 $15ab^2$ 是同类项，-7 和 29 也是同类项。

从"分类"到"合并"，分类不是目的，合并才是归处。在代数运算中把多项式中的同类项合并成一项，即将同类项的系数相加，所得的结果作为系数，字母和指数不变，这就叫作合并同类项。合并同类项实际上就是乘法分配律的逆向运用。如：

$$-3x^2y + 2x^2y + 3y^2x - 2xy^2 = (-3+2)\,x^2y + (3-2)\,xy^2$$
$$= -x^2y + xy^2$$

合并同类项的法则建立在数的运算的基础之上，在合并同类项过程中，要不断运用数的运算，可以说合并同类项是有理数加减运算的延伸与拓展。事实上，解方程中的重要步骤之一"合并同类项"就是以分类思想为前提，将整式中具有相同特点的同类项进行分类，然后合并、化简，最后解出方程。由此可见，分类思想及其演化而来的同类项合并在方程学习过程中具有承上启下的作用。

生活中时常也有对于合并同类项的另一种"生活化"的理解。比如，在进行Excel电子文档进行操作时，往往需要快速"合并同类项"，即将相同类型的数据都合并在一个单元格中。比如，要将下表中混乱的部门人员，按照部门都放在一个单元格中，这个操作非常简单，通过系统自带功能稍作处理即可完成（如图3.4）。其实，生活中分类的例子比比皆是，超市中物品的分类摆放、图书馆

部门	姓名
篮球队	李强
广播站	张明
广播站	王江
爱心社	宁丹
学生会	李洋
篮球队	代秀丽
文学社	张雨
学生会	魏莉
国旗班	刘平
广播站	徐玉
篮球队	李想
文学社	代洋洋
篮球队	李宇轩
文学社	刘鹏
国旗班	付文
学生会	李健
文学社	彭飞
国旗班	郑智勇
爱心社	王娟
国旗班	沈琳
学生会	余瑶
学生会	陈芸芸
篮球队	黄涛

部门	姓名
国旗班	刘平 付文 郑智勇 沈琳
广播站	张明 王江 徐玉
篮球队	李强 代秀丽 李想 李宇轩 黄涛
学生会	李洋 魏莉 李健 余瑶 陈芸芸
爱心社	宁丹 王娟
文学社	张雨 代洋洋 刘鹏 彭飞

图3.4 部门人员分类图

中书籍的分类罗列、垃圾分类回收处理、食品安全分类保藏等，可以说，生活中的事物大都通过了分类的处理，使得我们生活中所见的一切井然有序。

3.1.3 躬行实践——你能对下列物品进行分类吗？

【情境】

现实生活中为了方便，往往要对物品根据相同的特征进行分类。比如我们在生产、生活中产生的大量垃圾，正在严重侵蚀我们的生存环境，而垃圾分类是实现垃圾减量化、资源化、无害化，避免"垃圾围城"的有效途径。根据是否可循环利用分为可回收垃圾（蓝色）和不可回收垃圾，不可回收垃圾又分为有害垃圾（红色）、餐厨垃圾（绿色）、其他垃圾（灰色）(如图3.5)。

图 3.5　垃圾分类

【准备】

笔、笔记本、相机、问卷。

活动一：

1.设计调查内容

讨论家庭垃圾的分类方法，设计调研问卷。

2.组建调研小组（和小伙伴组成采访队，深入社区进行调查采访活动）。

（1）采访社区负责人，了解小区生活垃圾的产生方式和处理情况。

（2）向路人发放问卷，随机了解部分家庭垃圾的分类标准。

3.形成调研分析报告

（1）收集资料，对调查问卷进行数据整理和分析。

（2）讨论家庭垃圾有哪些分类方法。

（3）说明这些分类方法的标准。

活动二：

调研小组经过调研发现，某小区1号楼每天生活垃圾产生如下：1单元每天产生30公斤其他垃圾、20公斤可回收垃圾，5公斤有害垃圾；2单元每天产生38公斤其他垃圾、25公斤可回收垃圾，8公斤有害垃圾；3单元每天产生32公斤其他垃圾、22公斤可回收垃圾，6公斤有害垃圾。如果让你给社区负责人汇报1号楼垃圾分类情况，以便估算垃圾处理费用，你应该怎么说？

【操作】

1.本次调查该小区的3类垃圾，即有害垃圾、可回收垃圾、其他垃圾。

2. 设其他垃圾处理费为 x 元/公斤，可回收垃圾处理费为 y 元/公斤，有害垃圾处理费为 z 元/公斤。

3. 整理各单元垃圾处理费用得到：

一单元：$30x + 20y + 5z$；二单元：$38x + 25y + 8z$；三单元：$32x + 22y + 6z$；

4. 将所有费用相加，则有：

$$(30x + 20y + 5z) + (38x + 25y + 8z) + (32x + 22y + 6z)$$

5. 去括号，合并同类项，则有：

$$(30 + 38 + 32)x + (20 + 25 + 22)y + (5 + 8 + 6)z = 100x + 67y + 19z$$

6. 所以，你应该这样说："1号楼每天产生其他垃圾100公斤、可回收垃圾67公斤、有害垃圾19公斤；需要垃圾处理费 $(100x + 67y + 19z)$ 元。"

3.2 "数"言"数"语

"洛书"是世界公认最早的幻方图，一共9个数，无论纵、横还是对角线，其数之和皆为15。古人用黑白点表示数，用"洛书"表示了纵线上数的和、横线上数的和以及对角线上数的和这三者之间的等量关系。如图3.6所示。

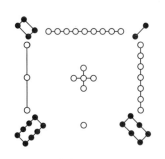

4	9	2
3	5	7
8	1	6

图 3.6　洛书

　　古人用算筹组成的方阵来表示的等量关系，也就是我们今天的方程。"方程"一词，最早来源于《九章算术》，方表示并列，程指用算筹表示竖式。现今，我们所认知的方程并不"方"了，一般而言，含有未知数的等式称为方程。

3.2.1　方程中的数学符号

　　古代数的符号发展从结绳计数开始，到刻痕计数，再到用算筹表示自然数。而后为解决在生活中小数减大数的情况，产生了负数。数学家李冶《测圆海镜》中用斜画一杠表示负数（如图3.7），比如"-32"写成"≡╫"；而杨辉在负数后面写个"负"字来表示负数，比如"-32"写成"三十二负"。

	-0	-1	-2	-3	-4	-5	-6	-7	-8	-9
直式	∅	⼃	⼆	⼿	⼿	⼿	⼇	⼇	⼇	⼇

图 3.7　算筹中的负数

方程则涉及数、等号、未知数等数学符号。对于方程中的等号，《九章算术》方程章中虽然未直接出现"等号"的符号，但利用算筹方阵体现了等量关系。文中列举了"方阵"，即如今的"方程组"，以第一题为例：上等水稻3捆、中等水稻2捆、下等水稻1捆，一共打出了39斗谷粒；有上等水稻2捆、中等水稻3捆、下等水稻1捆，一共打出了34斗谷粒；有上等水稻1捆、中等水稻2捆、下等水稻3捆，一共打出了26斗谷粒。问题是：1捆上等水稻、1捆中等水稻、1捆下等水稻各能打出多少斗谷粒？

古人通过算筹来表示以上数量关系（如图3.8），其中所排列的算筹表示未知数的系数和常数，并垂直排列成一个"方阵"，用阿拉伯数字对应表示为图3.9。

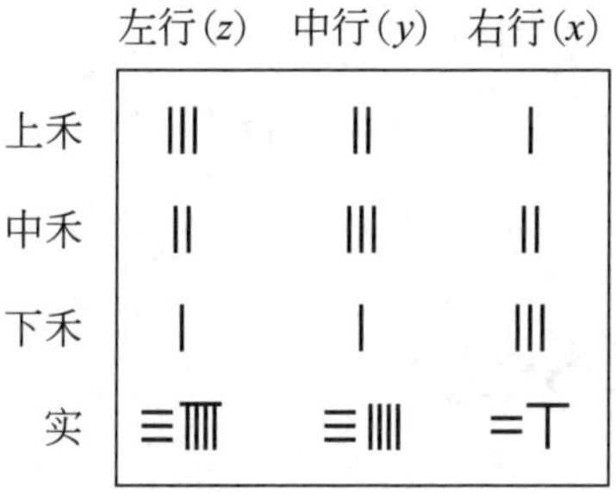

图 3.8　算筹方阵

	3	2	1
上等水稻捆数	3	2	1
中等水稻捆数	2	3	2
下等水稻捆数	1	1	3
实际获得谷粒斗数	39	34	26

图 3.9　数量关系表

这个"方阵"等同于如下所示的三元一次方程组：

$$\begin{cases} 3x + 2y + z = 39 \\ 2x + 3y + z = 34 \\ x + 2y + 3z = 26 \end{cases}$$

了解了方程中数、等号的表示方式，那方程中的未知数又是如何表示的呢？李冶在《测圆海镜》中在算筹旁注上"元"字来表示未知量，在算筹旁注上"太"字表示常数。在同一个筹式中，用"太"则不用"元"，用"元"则不用"太"，并且"太"和"元"向下每层增加一次幂，向上每层降低一次幂。

例如，图3.10表示的代数式都为：$2x^2 + 39x - 5 + \dfrac{3}{x}$

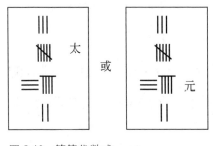

图 3.10　算筹代数式

从方程中数学符号的发展我们可以看到，从算筹计数到负数的表示，从用算筹方阵表示等量关系到用"元"表示未知数，中国古代方程理论不断完善并得以普遍使用，数学符号功不可没。

3.2.2　数尽其用——符文并茂

《九章算术》中利用算筹来表示方程中各未知数的系数和常数，运用算筹方阵来表示运算的演算过程。以清代算书《御制数理精蕴》中一题为例："马两匹，牛四头，共价二十八两，马四匹，牛六头，共价四十八两，问马、牛各价几何？"图3.11左边为此题的算筹运算演示过程，中间为算筹表示的数，右边为与算筹对应的方程演算过程（设马和牛的价格分别为x，y）：

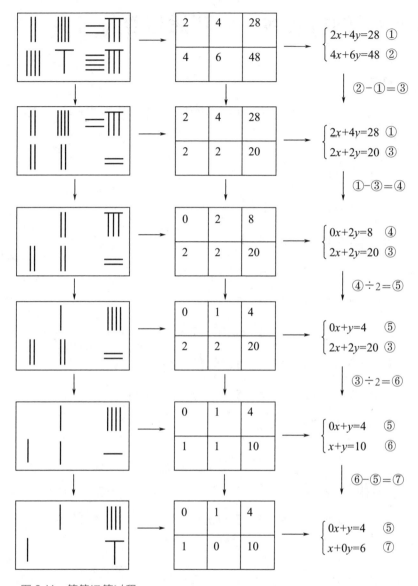

图 3.11 算筹运算过程

最后算得答案为"马六两，牛四两"。

这样的解法叫做"直除法"，类似于现在所说的"加减消元法"。解题过程结合算筹，符文并茂，清晰明了，让抽象、晦涩的数学符号变得更加形象、生动。

3.2.3　躬行实践——巧添运算符号

【情境】

在下面填入适当的运算符号，包括括号，使下面每一个等式都成立。

（一）凑"1"

（1）1　2　3＝1

（2）1　2　3　4＝1

（3）1　2　3　4　5＝1

（4）1　2　3　4　5　6＝1

（5）1　2　3　4　5　6　7＝1

（6）1　2　3　4　5　6　7　8＝1

（7）1　2　3　4　5　6　7　8　9＝1

（二）凑"10"

（1）5　5　5　5　5＝10

（2）5　5　5　5　5＝10

（3）5　5　5　5　5＝10

（4）5　5　5　5　5＝10

（三）凑"24"

"抢24点"是小朋友们最爱玩的一种游戏。它的玩法是把一副扑克，去掉大小鬼，剩下的52张牌分摊给四人（或两人）。然后每人出一张（两人玩时就每人两张），游戏者根据四张牌的点数（J为11点，Q为12点，K为13点），用加、减、乘、除（包括括号）进行计算，使结果等于24。

中国传统文化的数学之光

例如，用"2、3、4、6"这四张牌怎样算出"24点"？

【分析】

这类题的答案不止一个，下面给出一组答案。

（一）解：（1）$(1+2) \div 3 = 1$

（2）$1 \times 2 + 3 - 4 = 1$

（3）$[(1+2) \div 3 + 4] \div 5 = 1$

（4）$1 \times 2 \times 3 - 4 + 5 - 6 = 1$

（5）$(1+2+3+4) \div 5 + 6 - 7 = 1$

（6）$(1 \times 2 \times 3 - 4 + 5 - 6 + 7) \div 8 = 1$

（7）$[(1+2+3+4) \div 5 + 6 - 7 + 8] \div 9 = 1$

（二）依次在四题中最后一个5的左边填入加、减、乘、除运算符号，这时题（1）要求另外4个5需算出5就行，这样就把原题从用5个5算10简化为用4个5算出5，继续向前尝试也就可以进一步化简。而题（2）要求另外4个5算出15；题（3）要求另外4个5算出2；题（4）要求另外4个5算出50。

解：（1）$(5-5) \times 5 + 5 + 5 = 10$

（2）$(5 \times 5 - 5 - 5) - 5 = 10$

（3）$(5 \div 5 + 5 \div 5) \times 5 = 10$

（4）$(5 \times 5 + 5 \times 5) \div 5 = 10$

（三）解：（1）$2 \times 6 + 3 \times 4 = 24$

（2）$(6 \times 2 - 4) \times 3 = 24$

（3）$4 \times 6 \times (3-2) = 24$

（4）$4 \times 6 \div (3-2) = 24$

（5）$4 \times 2 \times (6-3) = 24$

（6）$3 \times (6+4-2)=24$

在做添加运算符号的题目时，如果题目的数字比较多、得数比较大，我们就可以先从等号左边凑出一个与结果比较接近的数，然后对算式中剩下的数字作适当的运算，从而使等式成立。这种方法称为凑数法，只要能巧妙地凑出数来，就可以得到多种多样的解法！你感受到数学运算符号的魅力了吗？

3.3　妙解方程

李白街上走，提壶去买酒。

遇店加一倍，见花喝一斗。

三遇店和花，喝光壶中酒。

借问此壶中，原有多少酒。

这是我国唐代天文学家张逐以"李白喝酒"为题写的一首含数学问题的诗歌，通过朗朗上口的诗歌来传播数学问题，这是我国古代一种别致的数学文化现象。这个问题大意是：李白提壶买酒，遇到店则壶中的酒加一倍，遇到花则喝一斗，李白三次遇到店和花，结果喝光了壶中的酒，问壶中原有多少酒？

今天我们利用方程可以很容易地解决"李白喝酒"的问题。事实上中国古代历史上记载有许多经典的方程问题，如"物不知数""鸡兔同笼""以碗知僧""百鸡问题"等，下面让我们一起去探索这些问题的奥秘吧。

3.3.1 问题解决 : "物不知数"

中国古代数学史中，解方程是代数领域中一个主要问题。中国古代的三部数学名著《周髀算经》《九章算术》和《孙子算经》都记录了大量的方程问题，其中《孙子算经》以生活中的实际应用为主，注重计算，问题通俗易懂，解法简单且易于理解，真正做到了"寓理于算"。其中著名的算术题"物不知数"便记录于《孙子算经》下卷第26题：

今有物不知其数，三三数之剩二,五五数之剩三,七七数之剩二，问物几何?

该题大意是：有一些物品，不知道有多少个，只知道将它们三个三个地数，会剩下2个；五个五个地数，会剩下3个；七个七个地数，也会剩下2个。问：这些物品的数量至少是多少个? 通过题意可设这堆物品三个三个数，有x堆，剩2个；五个五个数，有y堆，剩3个；七个七个数，有z堆，剩2个，x，y，z都是非负整数。由此可列方程：

$$3x+2=5y+3=7z+2$$

观察上式，所列方程中含有3个未知数，但只能列出两个独立方程，如：$3x+2=5y+3$，$5y+3=7z+2$，因此无法准确求出未知数的值。类似这样的方程，由于独立方程的个数比未知数少一个，所以满足条件的解有无穷多个的方程叫做不定方程。虽然上述题目应用不定方程无法唯一确定其解，但是我们可以使用枚举法来解决这个问题：

"三三数之剩二"的数， 即除以 3 余 2 的数	2，5，8，11，14，17，20，23 等
"五五数之剩三"的数， 即除以 5 余 3 的数	3，8，13，18，23，28，33，38 等
"七七数之剩二"的数， 即除以 7 余 2 的数	2，9，16，23，30，37，44，51 等

可以发现23这个数同时满足以上三个要求，因此23是满足要求的一个答案。事实上，23是满足本题条件的最小正整数，将此数加上3、5、7的乘积105的任意倍数，仍然符合本题的条件，所以本题实际上有无穷多个答案。

"物不知数"问题的求解过程与方法称为"中国剩余定理"，又称为"孙子定理"。"中国剩余定理"不仅奠定了目前世界上最流行的公钥加密技术的基础，还颇有猜谜的趣味，并且解法也很巧妙。"物不知数"问题的解决对近代环论和赋值论等数学问题均有影响，这不仅是中国当时数学的辉煌成就，也是世界数学史上的明珠。

3.3.2 数尽其用——直除法巧解方程与不定方程

《九章算术》第八章以"方程"命名。刘徽对《九章算术》做了详细的注解，提出用"直除法"来解方程。"直除法"即加减消元法，是通过连续相加或相减消元的方法来求方程的解，也叫高斯消元法。这种解法是中国古代解方程最早的简洁方法，比欧洲早一千多年。除了"直除法"外，刘徽还提出了"齐同术"和"正负术"，这些解法形成了完整的方程的解的理论，将方程理论推向了新的高度，为后续方程的发展奠定了基础。

不定方程的解不易确定，但运用直除法可以有效解决这一难题。《张丘建算经》中有一道关于二元一次不定方程的著名数学问题——"百鸡问题"也可以用"直除法"求解。

"鸡翁一，值钱五；鸡母一，值钱三；鸡雏三，值钱一。凡百钱买鸡百只，问鸡翁母雏各几何？"该题大意是：一只公鸡价值五钱，一只母鸡价值三钱，三只小鸡价值一钱，用一百钱买一百只鸡，问公鸡、母鸡和小鸡各买了多少只？

借助符号语言我们可以假设公鸡、母鸡、小鸡分别为x、y、z只，由此可列方程：$\begin{cases} x+y+z=100 \\ 5x+3y+\dfrac{1}{3}z=100 \end{cases}$，根据"直除法"，消去$z$化简，即得$7x+4y=100$。

因为鸡的只数不可能为负数，所以上述方程的解是非负整数解。取$x=1$，$x=2$等正整数（x最大可以为14），根据$7x+4y=100$可以得到y的值，再由$x+y+z=100$可得到z的值。通过计算可得四种符合题意的解法：

公鸡 (x)/ 只	母鸡 (y)/ 只	小鸡 (z)/ 只	是否符合题意
0	25	75	√
1			
2			
3			
4	18	78	√
5			
6			
7			
8	11	81	√
9			
10			
11			
12	4	84	√
13			
14			

　　自张丘建以后，中国数学家对"百鸡问题"的研究不断深入，"百鸡问题"也几乎成了不定方程的代名词。方程和不定方程理论在魏晋南北朝时期就有了突破性的发展及应用，由原来的方程组发展到不定方程组，更进一步推动了方程理论的发展和应用。方程与不定方程也成为代数学中的一个很重要的分支。

　　此外，宋元时期的数学家把低次方程演绎到了高次方程，并提出了新的理论体系，其中李冶的"天元术"和朱世杰的"四元术"在中国古代数学史乃至世界数学史上都有着重要影响。利用"天元术"可以熟练地列出高次方程，《测圆海镜》中记录了三次方程、四次方程甚至还有六次方程，不仅采用方程两边同时乘以一个整式的方法，将分式方程化为整式方程，还明确使用"换元"思想将高次方程降为低次方程。公元2世纪我国数学家赵君卿为《周髀算经》做注解时，不仅提出了二次方程，而且在有关二次方程的解中，我们还发现了求根公式的雏形。这些说明中国古代数学家在方程领域成果丰硕，为代数学的发展作出了重要贡献。

3.3.3　躬行实践——巧求电线电缆的电阻

【情景】

电线电缆的电阻与该产品的耐电强度和介质损耗有密切的关系，请你找一根长为10厘米的电缆，动手测出它的电阻。

【准备】

10厘米长的电缆，刻度尺，笔，纸，游标卡尺。

【步骤】

1.确定电缆的材质；

2.查阅此材质的电阻率 ρ ；

3.用刻度尺测量电线电缆的长度L；

4.用游标卡尺测量电线电缆横截面的直径，并求出电线电缆横截面的面积S；

5.查阅相关资料得到电阻公式$R = \dfrac{\rho L}{S}$，由公式可知，将测量的直径和面积代入公式，列出方程即可求出电线电缆的电阻。

第4章 函数『时』空

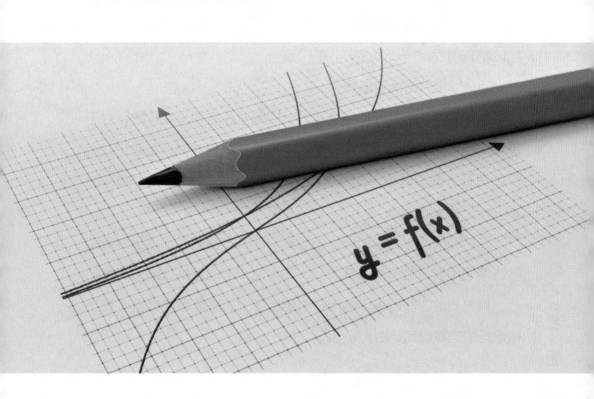

$y = f(x)$

4.1 计时器里的一次函数

"一寸光阴一寸金",体现着时间的宝贵,同时也映射着中国古代最早的计时方法——日晷计时。日晷(图4.1)由晷针和晷面(石质的圆盘)组成。晷针垂直地穿过晷面,晷面放置于石台之上,正反面刻着12个大格,每格表示一个时辰(2个小时)。太阳由东向西移动,晷针影子也慢慢地由西向东移动。晷面的刻度是均匀的,移动着的晷针影子犹如现代钟表的指针。随着太阳位置的变化,晷针影子在盘上移动一寸所花的时间称为"一寸光阴","一寸光阴一寸金"由此而来。

图 4.1 日晷

晷针的影长在一天当中是随着时间的变化而均匀变化的,对于每一个确定的时间,都有唯一确定的影长与之相对应。因此,我们可以把影子的长度随时间变化的规律抽象为影长与时间的函数关系——一次函数。

除了日晷计时,古人设计出的多种计时方法都体现了某种运动随时间均匀变化的一次函数关系,如均匀滴下的水滴、缓慢燃烧的香、均匀下落的沙子等。然而在中国历史上,不断发展完善、应用最广泛的当属漏刻计时。

4.1.1　漏刻计时里的直线轨迹

漏刻是我国古代最重要的计时工具,由漏壶和漏箭两部分构成。最早的漏刻(图4.2)是由两只漏壶组成,一只是供水壶,另一只是受水壶,受水壶中放漏箭。由于供水壶的水不断地注入箭壶,漏箭上的时刻标记就不断地从壶中显露出来,人们就可以知道当时的时刻了。漏刻计时的基本原理是利用均匀水流导致的水位变化,观测壶中漏箭上显示的数据来计算时间。

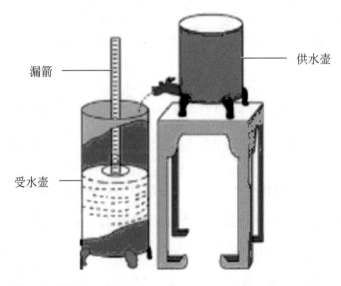

漏箭

供水壶

受水壶

图 4.2　漏刻

假设受水壶中开始的水量为0,供水壶均匀向下漏水。漏箭的高度h与所经历的时间x成正比:

$$h = kx \, (k为比例常数,\ k \neq 0)$$

函数图象如图4.3所示。

假设受水壶中开始有一定的水量，用 b 表示，供水壶均匀向下漏水。

漏箭的高度 h 与所经历的时间 x 之间的关系为：

$$h = kx + b\,(k\text{为比例常数}，b\text{为常数}，k \neq 0)$$

漏箭的高度 h 与所经历的时间 x 的函数图象如图4.4所示。

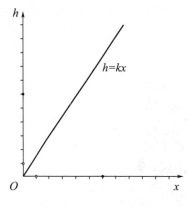

图 4.3　$b=0$ 时，h 随 x 变化示例图

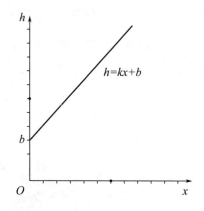

图 4.4　$b \neq 0$ 时，h 随 x 变化示例图

数学中，"形如 $y = kx + b\,(k$、b 为常数，$k \neq 0)$ 的函数叫作一次函数，其中 x 是自变量，y 是 x 的函数。特别地，当 $b=0$ 时，$y = kx\,(k$ 为常数，$k \neq 0)$，y 叫作 x 的正比例函数。"

利用这一关系，在漏箭标上适当的刻度，就可以用来计时了。中国古代天文学家通常将一昼夜分为100刻，一刻相当于现在的14.4分钟；现在的一刻等于15分钟，一昼夜为96刻。

漏刻中蕴含着漏水量随时间均匀变化的规律，然而中国古代早期设计的漏刻在使用过程中漏水量有时并不是均匀的。经过多年实践，漏刻的形式在不断改进完善，到了唐代，可以更加精确地保证了漏入受水壶中的水量是均匀变化的。

东汉以后，我国漏刻的日误差大都在1分钟以内，最好的可达20秒左右，而欧洲直到公元1715年英国人设计的机械钟的精确度才达到日误差几秒的数量级。而具有同样原理计时的计具——沙漏，现如今我们仍在使用（如图4.5）。

图 4.5　现代沙漏

4.1.2　数尽其用——现实世界的一次函数模型

穿越时空的一次函数不仅在时间的车轮中熠熠生辉，在实际生活的各个领域中同样发挥着不可取代的作用。接下来，让我们一起走进现实世界中的一次函数！

在学校组织的一次旅行研学活动中，初二年级10个班级的学生计划到"梦工厂"研学，有甲、乙两个旅行社可供选择，且到"梦工厂"研学的价格都是每人50元。甲旅行社表示可给予每班两位带队教师免费，其余师生九折优惠；乙旅行社表示对所有师生八五折优惠。问学校应选择哪家旅行社，使其支付的研学费用较少？

解：设学校初二年级参加研学的师生共 x 人，费用为 y 元。

选择甲旅行社的费用可以表示为：

$$y_{甲} = 50 \times 0.9(x - 20) = 45x - 900,$$

选择乙旅行社的费用可以表示为：

$$y_{乙}=50 \times 0.85x=42.5x。$$

当 $45x-900>42.5x$，即 $x>360$ 时，有 $y_{甲}>y_{乙}$，此时应选择乙旅行社；

当 $45x-900=42.5x$，即 $x=360$ 时，有 $y_{甲}=y_{乙}$，此时选择甲、乙旅行社均可；

当 $45x-900<42.5x$，即 $x<360$ 时，有 $y_{甲}<y_{乙}$，此时应选择甲旅行社。

因此，当师生的人数小于360人时，选择甲旅行社更优惠；等于360人时，选择两个旅行社都可以；人数大于360人时，选择乙旅行社更优惠。

这是现实生活中常见的多种方案的选择问题，针对这类问题，我们首先应该找出问题中的变量，将实际问题抽象为数学问题，然后列出变量间的函数关系式建立数学模型，再进行分类讨论，借助不等式对同一自变量的两个函数值的大小比较进行模型求解，得出结论，并对实际问题作出综合评价。

在研学过程中，同学们的路程与时间之间也近似存在一次函数关系，我们可以通过一次函数的图象予以描述。

如初二（1）班同学到达"梦工厂"后，全班同学匀速步行30分钟到达距"梦工厂"900米的某景点，某位同学有事立即按原路匀速步行返回"梦工厂"，步行速度快于之前的速度。在这个情境中，全班同学行走的路程以及这个同学行走的路程都可以看做时间的一次函数，可以用函数图象表示，如图4.6所示。

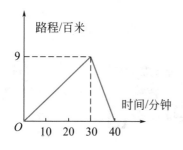

图 4.6 路程 – 时间变化图 1

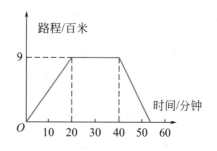

图 4.7 路程 – 时间变化图 2

对于图 4.7，是否也可以模仿图 4.6 的情境描述，设计出相应的情境呢？如初二（1）班同学到达"梦工厂"后，全班同学匀速步行 20 分钟到达距"梦工厂"900 米的某景点，观景 20 分钟后，全班沿原路较快匀速返回"梦工厂"前往下一个景点。

一次函数是刻画现实生活中变化规律的一种基本的数学模型，除了可以应用于解决以上的方案选择、行程问题之外，在销售、工程、生产等领域也有广泛的应用，如出租车的计价原理、商场打折活动等都蕴含着一次函数的关系。

函数思想体现在生活中的方方面面，学会用变化的眼光观察周围的世界，用函数关系思考世界，用函数模型描述世界，会使数学融入我们的生活，让生活充满理性与智慧！

4.1.3 躬行实践——谁是节水小能手?

【情境】

地球上的淡水数量非常有限，我们应从身边点滴小事做起，节约用水，争做节水小能手!

【实验】

水龙头关闭不严会造成滴水，为了调查漏水量与滴水时间的关系，可进行以下的实验与研究。

图4.8 滴水实验

（1）在滴水的水龙头下放置一个能显示水量的容器，每5分钟记录一次容器中的水量（图4.8），并填写下表。

时间 / 分钟						
水的体积 / 毫升						

（2）在平面直角坐标系中，描出实验所得数据，并观察它们的分布规律。

（3）根据图象走势预估这种漏水状态下一天的漏水量。

（4）请列举几条节水的措施。

4.2 此消彼长反比藏

此消彼长，意为"这个下降，那个上升"，反映了两个事物间的反比关系。古时候人们已经学会运用这种关系来解决生活中遇到的难题了。

中国传统文化的数学之光

4.2.1 巧用反比助"孝子买布"

明代著名文人祝枝山为人正直,喜欢打抱不平。在他的故乡苏州一带至今流传着不少关于他的传说。

有一天,祝枝山路遇一乡下人痛哭道:"我叫朱阿二,我的父亲于昨天去世,我要剪幅宽3尺(古代的一种长度单位,三尺等于一米),长7尺的黑布做新衣让他入土。3尺幅宽的黑布价钱是每尺30文,7尺布价钱210文。剪布时老板说,没有3尺幅宽的布了,只有2尺幅宽的布。原本长宽一共是10尺,现在就剪8尺,宽2尺,这样长和宽一共仍是10尺,仍收210文。我便剪了布回家,可裁缝说布少了做不成衣。今天一早我赶到布庄和老板讲理,被他们轰了出来。"

祝枝山听后心里早已明白,便领着阿童、朱阿二一起到了布庄。祝枝山一进门就大喊:"盛老板,我有一桩生意同你做。我想向贵庄买些布,请问3尺幅宽的黑布买7尺多少钱?"老板说:"30文1尺,共210文。"祝枝山说:"我如果剪6尺宽的黑布4尺,长与宽加起来也是10尺,又是多少钱?"老板说:"那当然也是210文。"祝枝山马上说:"那好,我现在就买100段6尺宽4尺长的黑布,你马上派人送往我家。"盛老板知道自己的阴谋已经败露,赶忙赔礼道歉,并当场换了一段3尺宽7尺长的黑布给朱阿二。

相比于孝子想买宽3尺、长7尺、面积21平方尺的布(图4.9)来说,布庄老板剪出宽2尺、8尺长、面积16平方尺的布(图4.10),此时宽在"消",而长却没有"长"到相应的数量,孝子被欺骗;而祝枝山深谙"此消彼长"的道理,以其人之道还治其人之身,他要买宽4尺、长6尺、面积24平方尺的布(图4.11),此时长在"消"，而宽"长"至4尺，总面积大于孝子想买的布，老板的骗局被识破。

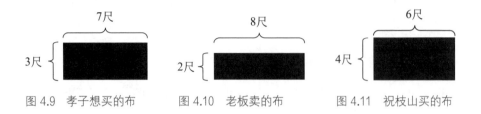

图 4.9　孝子想买的布　　　图 4.10　老板卖的布　　　图 4.11　祝枝山买的布

"此消彼长"这个成语不仅让祝枝山轻易地揭穿了布庄老板的诡计，其本质体现着数学中又一种重要的函数关系——反比例函数。

💡 数学原理

孝子要买布的总面积为21平方尺，是个定值，把布的长和宽看做两个变量，也就是说这两个变量的乘积是个定值。

设布宽为 x 尺，长为 y 尺，则有：

$$xy=21$$

或：
$$y=\frac{21}{x}(x \neq 0)$$

由此，可以得到当 $x=3$，$y=7$；当 $x=2$，$y=10.5$。从上式可以看出，布的宽度改变时，应买的长度也随之变化。老板把布的宽改为2尺时，长应随之变为10.5尺，而他只给了朱阿二8尺布，实际上少给朱阿二的布为：$21-2 \times 8=5$ 平方尺布。黑心的布店老板说，布的长与宽加起来都是10尺，所以价格都是210文。

事实上，在 x、y 的和一定的条件下，当 x 与 y 的值越接近时，它们的乘积 xy 就越大。祝枝山正是利用了这一点，买宽4尺、长6尺的布,虽然长与宽加起来仍为 10 尺，但面积却为 6×4=24,比原来增加了 3 平方尺，即以其人之道,还治其人之身。

4.2.2　数尽其用——"入重出轻"：揭开天平平衡的秘密

运用反比例函数思想不仅可以帮助我们解决生活中的数学问题，在其他学科的应用也非常广泛。

我国古代有这样一则故事，明朝万历年间，扬州有一家大南货店，店主在临死的时候吩咐儿子说："我平生起家，全靠这杆秤。这杆秤乃是乌木合成，中间空的地方藏有水银，称出的时候，就将水银倒在秤头，称入的时候，就将水银倒在秤尾。这样'入重出轻'，就是我致富的原因。

店主究竟是怎样"入重出轻"的呢？这就需要我们先了解一下杆秤的使用原理（如图 4.12）。正常称东西时，提组（支点）的位置和秤砣的重量固定不变，通过调节秤砣到支点的距离到平衡点来

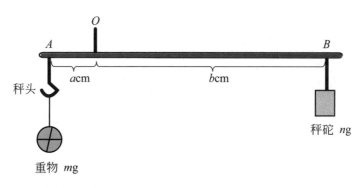

图 4.12　杆秤平衡图

称重。可见，物体的重量与秤砣到支点的距离是有内在联系的。

提纽处记点 O，秤头处记点 A，秤砣处记点 B。其中，$AO=a$cm，$BO=b$cm，A 处挂的物体重 mg，B 处所挂的秤砣重 ng。

要使秤杆保持平衡，则以上四个量需满足的关系是：

$$a \cdot m = b \cdot n = 非零常数$$

也就是说 a 与 m 和 b 与 n 这两组量的乘积是定值，其中一个量增大，另一个量就会减小，即 a 与 m 和 b 与 n 都满足反比例函数关系。

我们举一个简单的例子。若重物质量为 $m=100$g，秤头到提纽处的距离 $a=6$cm，秤砣的重量为 $n=20$g，此时秤杆要保持平衡，由上述关系式 $a \cdot m = b \cdot n = 非零常数$ 可知，$6 \times 100 = b \times 20 = 600$，可以计算出此时 $b=30$cm。可是，店主将水银注入了秤杆，若注入的水银质量为 20g，那称入称出的时候，店主为了牟取利益，结果又该如何呢？

当店主买入东西时，所称的重物质量一定，此时店主将水银倒在秤尾，n 增大了，b 就会减小，即卖家物品的称量重量就少了，这对卖家来说不公平。所以，店主"得利"，却"失义"了。

当店主卖出东西时，将水银倒在秤头，相当于增加了物体的重量，即 m 增人；要达到平衡，秤砣就要移得更远，所以读出的重量增加了。而实际重量比称出的重量轻，即店主占了顾客的便宜。

一杆秤，不仅蕴涵着丰富的知识，也教给了我们做人的道理。故事中的儿子不认同父亲不讲诚信的做法，在父亲死后，烧掉了乌木秤，从此生意反而越来越好！

4.2.3 躬行实践——制作视力表

【情境】

视力表在我们的生活中并不陌生，其实视力表中蕴含着一定的数学知识，同学们可以观察生活中的视力表，看看有何发现？下面我们以"标准对数视力表"为例，探索视力表中的反比例关系。

【背景】

标准对数视力表中形状像"E"的符号叫做视标，是以能否分辨视标的开口朝向为依据来测定视力的。

【操作】

度量标准对数视力表中视力为 $0.1, 0.2, 0.3, 0.4, 0.5, 0.6, 0.8, 1.0,$ $1.2, 1.5, 2.0$ 所对应的视标的长 $a$mm，宽 $b$mm，横条高度 $c$mm，纵条宽度 $e$mm，空白缺口宽 $d$mm（见图4.13），并填写下表：

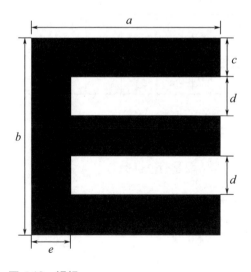

图 4.13 视标

视力	0.1	0.2	0.3	0.4	0.5	0.6	0.8	1.0	1.2	1.5	2.0
a/mm											
b/mm											
c/mm											
d/mm											
e/mm											

（1）观察上表，看这些数据之间有什么关系？

（2）视力表中各视标之间有什么关系？

💡 数学原理

度量后的结果为：

视力	0.1	0.2	0.3	0.4	0.5	0.6	0.8	1.0	1.2	1.5	2.0
a/mm	74	37	24.7	18.5	14.5	12	9	7.4	6	4.8	3.6
b/mm	74	37	24.7	18.5	14.5	12	9	7.7	6	4.8	3.6
c/mm	15	7.5	5	3.8	3	2.5	1.9	1.5	1.3	1	0.8
d/mm	15	7.5	5	3.8	3	2.5	1.9	1.5	1.3	1	0.8
e/mm	15	7.5	5	3.8	3	2.5	1.9	1.5	1.3	1	0.8

通过观察数据间的关系，有以下结论：

1. $a=b$，每个视标都是正方形；

2. $c=d=e$，

视力为0.1时，$a=74$，$b=74$，$d=15$

视力为0.2时，$a=37$，$b=37$，$d=7.5$，

$$a=b=\frac{74}{2}=37, \quad c=d=e=\frac{15}{2}=7.5$$

视力为0.3时，$a=24.7$，$b=24.7$，$d=5$，

$a=b=\dfrac{74}{3}\approx24.7$，$c=d=e=\dfrac{15}{3}=5$

视力为0.4时，$a=18.5$，$b=18.5$，$d=3.8$，

$a=b=\dfrac{74}{4}=18.5$，$c=d=e=\dfrac{15}{4}\approx3.8$

由此可猜想，视力为0.5时，$a=b=\dfrac{74}{5}=14.8$，$c=d=e=\dfrac{15}{5}=3$

视力为0.6时，$a=b=\dfrac{74}{6}\approx12.3$，$c=d=e=\dfrac{15}{6}=2.5$

因此，制作视力表时可先固定视力为0.1（或其他）的视标的数据，利用上面发现的规律计算出其他视力的视标的相关数据，且能发现视标的尺寸与视力值成反比例关系。

4.3 赵州桥勾勒出的美妙"弧线"

"一孔胜迹壮山河，千古绝构历沧桑"，赵州桥像条美丽的彩虹横卧在赵州(今河北赵县)城南洨河之上，由匠师李春设计和主持建造，结构坚固，雄伟壮观，历经1400多年的风霜依然屹立不倒，可以称得上是我国桥梁建筑史上的奇迹。

赵州桥的主孔净跨度为37.02米，而拱高只有7.23米，拱高和跨度之比为1∶5左右，实现了低桥面和大跨度的双重目的，桥面过渡平稳，车辆行人非常方便。此外，采用敞肩结构，即在大拱两端各设两个小拱，可以增加泄洪能力，大大降低了洪水对大桥的冲击力。

那么，从数学角度看，赵州桥它美在哪里？又妙在哪里呢？

4.3.1 桥拱里的抛物线

赵州桥的结构中有多个拱形（图4.14），拱形给我们带来对称美的感受，而且其形似抛物线，而抛物线正是一种重要的函数——二次函数的图象。下面让我们从"二次函数"的角度去揭开"拱桥"的面纱吧！

图 4.14 赵州桥拱

二次函数的图象是抛物线，其自身是一个轴对称图形。

我们已经知道赵州桥的跨度为37.02米，拱矢（拱顶至拱脚水平距离）为7.23米，可以采用待定系数法定量求出拱桥的抛物线解析式。

首先，将桥拱抽象为如图4.15所示抛物线，以湖面所在的水平线为x轴，以过桥拱顶端与湖面垂直的直线为y轴，建立平面直角坐标系。

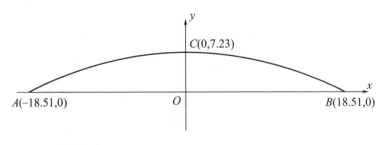

图 4.15 桥拱示意图

设抛物线的解析式为$y=ax^2+bx+c$，由图可知A点坐标为$(-18.51，0)$，B点坐标为$(18.51，0)$，C点坐标为$(0，7.23)$。

将点A、B、C坐标代入抛物线解析式得

$$\begin{cases} (-18.51)^2a-18.51b+c=0 \\ 18.51^2a+18.51b+c=0 \\ c=7.23 \end{cases}$$

解得

$$\begin{cases} a\approx-0.021(精确到0.001) \\ b=0 \\ c=7.23 \end{cases}$$

所以，桥拱的抛物线解析式为$y=-0.021x^2+7.23$。

以上过程体现了通过数学建模的方法求解桥拱抛物线解析式的过程。即：将实际问题抽象为数学问题（将桥拱抽象为抛物线）——建立模型，解决数学问题（建立直角坐标系，通过待定系数法求出抛物线解析式）——解决实际问题并应用于实际。

定量求出赵州桥桥拱的抛物线解析式对于指导生活实际有重要意义。比如，在雨季涨水时，通过水面到拱顶的高度计算出水面的宽度，以此来确定水面上涨后船只能否通行等。

4.3.2 数尽其用——生活中的二次函数

现代跳水运动始于20世纪，从数学的角度看，跳水运动员在空中的跳水轨迹呈抛物线，可以根据跳水的速度和二次函数的性质，

计算出在空中可以做动作的时间，这样才能使运动员在跳水过程中有一个完美的运动弧线和精彩的表演动作。

一看到喷泉（图4.16），我们的脑海里就会浮现出数学中的一条条抛物线，喷泉喷出的一条条优美的水柱就是通过电流改变水压，使得水流在水压的作用下喷射出抛物线。

图 4.16　喷泉

二次函数也应用于求最值等抽象的问题，例如在求解"最大利润""最少用料""最大面积"等实际生活生产问题时同样渗透着二次函数的思想。

4.3.3　躬行实践——小球下落有"迹"可寻

【情境】

现实生活中，小球下落是司空见惯的现象，向前跳动的小球在空中留下了美丽的弧线，让我们一起去探寻小球的足迹吧！

【准备】

有弹性的小球、相机、白纸

【步骤】

（1）将一个有弹性的小球以一定的水平速度抛出，与地面发生摩擦后继续向前跳跃（图4.17）。

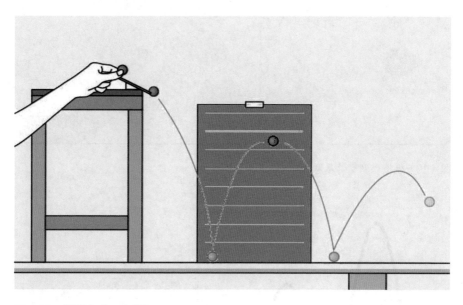

图 4.17　抛掷小球示意图

（2）用相机记录小球从开始抛出到最后停止运动的过程。

（3）导出拍摄底片，在白纸上描出小球的运动轨迹，并解释其数学原理。

💡 **数学原理**

小球下落过程中每两个落地点之间的轨迹都可以看做抛物线，记录每次落地的时间间隔、水平距离、每次弹跳的最大高度可以求出小球运动轨迹的抛物线表达式。

　　用几何画板模拟小球的下落过程如图4.18所示，小球下落轨迹如图4.19所示。

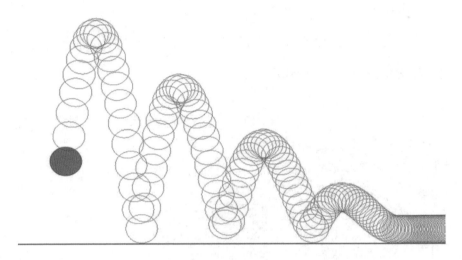

图 4.18　模拟小球下落示意图

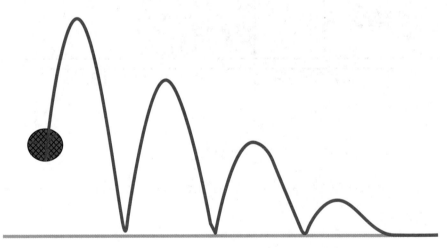

图 4.19　小球下落轨迹示意图

（1）记录小球到静止前运动的时间、水平距离与高度。

时间 t/s						
水平距离 s/cm						
高度 h/m						

（2）建立平面直角坐标系。

（3）根据记录数据尝试求出小球运动轨迹的函数表达式。

第 5 章
识图知性

5.1 三角探秘

宝塔诗,又称"一七体诗",最早的雏形始于隋朝。其扣题紧凑,对仗工整,具有独特的结构美,对后世新诗的发展影响极大。它从一字句或两字句的塔尖开始,向下延伸,逐层增加字数至七字句的塔底终止,如此排列下来,构成一个等腰三角形,像一座宝塔一样,故名"宝塔诗"。如白居易的《一七令·诗》。

一七令·诗

【唐】白居易

诗,

绮美,瑰奇。

明月夜,落花时。

能助欢笑,亦伤别离。

调清金石怨,吟苦鬼神悲。

天下只应我爱,世间唯有君知。

自从都尉别苏句,便到司空送白辞。

再比如,"三足鼎立"的"三分天下、鼎足而居"体现活泼中求稳定的均衡美。接下来,让我们从"三足鼎立"走进稳定的三角形世界。

5.1.1 从三足鼎立探索三角形的稳定性

中国青铜器以其特有的三足鼎为核心代表（图5.1）,是我国古代造型艺术的一次创举，它体现了原始社会人民卓越的智慧和精湛的技艺。那么三条足是如何将鼎身稳定地立在地面上呢？我们从三角形的稳定性说起。

"稳定"一词本义是"坚固"，表达的是"不易变形"的意思，所以三角形的稳定性又叫三角形的坚固性、固定性。由一个顶点 A 和两条边组成的角，由于边可随意旋转，角的大小也就可以任意改变。如用第三条边固定 BC 的长度，那么 $\angle A$ 的大小就被固定了。当构成的三角形的三个角都被固定后，此时三边的长度也为定值，那这个三角形的形状和大小就完全确定，符合图形稳定的标准，所以三角形是稳定的（图5.2）。接下来，让我们一起来揭示三足鼎的稳定性。

依次将三足与地面的接触点连线，能得到一个正三角形（图5.3）。因此，正三角形的稳定性使得三足鼎底部的接触面具有稳定

图 5.1　三足鼎 1

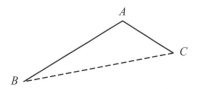

图 5.2　三角形 ABC

图 5.3　三足鼎 2

性。三足将鼎身立在地面上，不仅需要几何意义上的三角形稳定，还需物理意义上的"力的平衡"稳定。在底部正三角形具有稳定性的基础上，三角形的三边虽然没有直接受力，但是鼎身重心的投影刚好落在底部正三角形的中心。此时，鼎受竖直向下的重力和三个斜向上的支持力，支持力的合力与重力达到平衡，三足鼎便能稳稳地立在地面上。由此可见，三足鼎正是以三足形成的三角形的稳定性为奠基，在此基础上平衡受力，才能稳定站立。

三角形的"稳定性"在日常生活中应用广泛。人们通常将人字梯的两个支撑梯的横档，用一根绳子的两端分别系住。当支撑梯展开到绳子绷紧时，人字梯就稳固了（图5.4）。盖房子时，木工师傅常常先在窗框上斜钉一根木条，使窗框不变形等（图5.5）。这些都是利用了三角形的稳定性。

图 5.4　人字梯

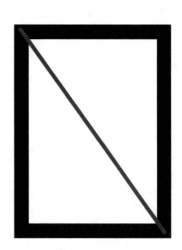

图 5.5　斜钉一根木条的窗框

5.1.2 数尽其用——生活中的三角形

古往今来，三角形在数千年人类文明演进中应用最广的当数建筑领域。

从古代中国西夏王陵（图5.6）到埃及的胡夫金字塔（图5.7），再到法国巴黎的埃菲尔铁塔、丹麦的三角形"冰山住宅"，无不出色地展现出三角形造型的超凡艺术。

图 5.6 西夏王陵

图 5.7 胡夫金字塔

除直接用三角形造型外，更多的建筑物也利用了三角形的稳定性。

通过考古发现，中国古建筑在新石器时代的建筑构架基本使用斜梁构造，并一直延续至今。可以看出，斜梁构造正是利用了三角形的稳定性来平衡屋面的重力。

三角形构造在现代建筑中依然占据重要地位。例如，国家体育场，也就是2008年北京奥运会的主体育场——鸟巢，正是由无数三角形支架拼合而成的前所未有的宏伟建筑（图5.8）。港珠澳大桥，这座被誉为"新世界七大奇迹"之一的大桥,其钢架桥的两边也运用了大量的三角形结构,以平衡车辆过往对桥的压力(图5.9)。

图 5.8　国家体育场　　　　　　　　图 5.9　港珠澳大桥

在艺术方面,三角形也展示其独特之魅力。例如,达·芬奇的《最后的晚餐》中所用到的三角形构图(图5.10),让画面更具有运动感和空间感。

图 5.10　《最后的晚餐》中的三角形构图

5.1.3 躬行实践——纸桥大挑战

【情境】

在日常生活中，我们经常会接触到A4打印纸，那一张薄薄的A4打印纸能承受多大的重量呢？

【准备】

3个大小相同的杯子（内盛有少量的水），1张普通的A4打印纸。

【步骤】

（1）用其中2个杯子当"桥墩"相距15厘米放好，然后将A4纸搭在两个杯子上做"桥面"。把剩下那个杯子放在"桥面"上，然而"桥面"支撑不住杯子的重量沉下来。

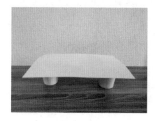  

（2）那怎样才能让这张纸支撑住杯子呢？可以重新将A4纸像折扇子一样均匀地折叠成褶皱，接着将折好的纸自然地展开平放在两个杯子上，然后将剩下的杯子轻轻放在"桥面"的中间。看，杯子稳稳地"站"住了！

（3）向最上面的杯子里再加一些水，"桥面"也丝毫没有变形。

实验发现：改变A4纸的形状，像折扇一样，折得越细它就能承受越大的重量。这个实验就是通过折叠纸，利用三角形的稳定性，使杯子的重量分散到纸桥的各个部分来做到承重的。由于被折叠后的纸比原来平面的纸抗压性强，几个凸起的合力就顶住了杯子的重量。原来同样的材料，用不同的形状，会达到不同的力学效果。

5.2 "圆"来如此

中国古代对圆的崇尚有着久远的历史和深厚的传统，后来渐渐发展形成"圆文化"。陶器时代许多陶器都是圆形；古代商品流通时用的铜钱也是方在圆中；人类历史上最早出现的宇宙观是中国人认为的"天圆地方"，"天圆地方"理论符合近代"科学假说"的基本特征。

除此之外，古代的诗论、文论中以"圆"论艺则更是常见。例如，王维《使至塞上》的"大漠孤烟直，长河落日圆"，苏轼《水调歌头》的"人有悲欢离合，月有阴晴圆缺，此事古难全……"，几千年的积淀已成为一种审美习尚，人们在生活的方方面面力求归于"圆合"这一种圆满无缺的境界。（图5.11）

图 5.11　生活中的圆

《墨经》中指出，"圆，一中同长也。"作为所有形状中最简明的图形——圆，为什么受到中国古人如此的青睐呢？让我们一起走进奇妙的圆世界。

5.2.1 圆与古典舞的交融

中国古典舞是中华民族文化艺术的结晶，在丰富多彩的舞姿和优美典雅的动作中，最显著的特点就是"万变不离其圆"，故而被称为"划圆的艺术"。圆与古典舞的交融在身韵形体与队形变换两方面有明显体现。

"划圆"是中国古典舞的基本动作，在躯干的动作训练中，身体的主要运动是以腰为核心，而腰的拧、回、转、闪、摇、翻的形与动，则形成了圆的运动轨迹。从始而终、由内向外其动作走势就是"直行变圆形、圆形为直用；轴心变外围，外围求轴心；离心力外发，向心力内合：一切以腰为轴，以圆为法"。例如，古典舞中基础动作——"踏步翻身"就是圆与舞交融的视觉盛宴。踏步翻身的动作是头向前倾45°，双臂呈直线，以腰为发力点带动头和手进行快速转动。这个动作就是以头为圆心，双臂长为半径划圆。舞动时始终由一侧肩膀带动走一个立圆，使得整个舞蹈动作行云流水、婀娜柔美。

中国古典舞不仅身韵动作中显出圆融之美，而且队形变换也以圆周之式布局。舞蹈队形的变换对舞蹈的展现具有画龙点睛的作用，而舞蹈队形中往往有数学几何图形的影子。为了体现舞蹈的多姿多彩，舞蹈队形可以采用数学中的圆形、三角形、四边形与扇形等几何图形来编排舞蹈。圆是数学中最美的图形，它的简单与和谐可以充分展示数学形式的整齐与均衡之美，以"圆"为基础变化舞蹈队形，往往给人一种饱满与丰富的美感。

"圆"对中国古典舞以及各类舞蹈有深刻的影响，无论中国古典舞怎么变化、发展，都离不开"圆"，我们要在数学中体会舞蹈，在舞蹈中感悟数学。

5.2.2　数尽其用——生活中的圆

　　"圆"作为中国传统文化的一种体现形式，"圆"的思想源远流长。例如中国古代钱币、建筑、茶具、棋子等的设计，随处可见圆的影子。

　　首先古钱币多以圆为造型。秦始皇时期统一钱币造型，使用"圆形方孔"制造钱币，即"秦半两"。圆形在钱币上的运用上展现了先人对自然的敬畏。圆形是回避冲突的形态，不仅便于加工时打磨，还可以减少磨损，是美与实用的结合。

　　其次，"圆形"在中国古代建筑史上具有举足轻重的地位。天坛是明清两代皇帝"祭天""祈谷"的地方，天坛以严谨的建筑布局、奇特的建筑构造和瑰丽的建筑装饰著称。天坛设有内坛和外坛，其形制均为北圆南方。另外，在距今约5500年的牛河梁红山文化遗址中发现了圆形祭坛，该祭坛最显著的形制特征是圆形。红山人为什么选择了圆形的形制呢？例如满月时的月亮是圆形的，天空中的星星是圆形的，雨点落在地上的痕迹是圆形的，龙卷风的形状是圆形的，这些与自然相关的事物都带有圆形的特点，所以敬畏自然的红山人使用"圆形"形制。

除了钱币与建筑，"圆形"形制的器物在生活中随处可见。为了省力和平稳，车轮设计为圆形；象征"团圆"的中秋月饼大多为圆形；中国象棋的棋盘为方，棋子为圆，一方一圆体现棋艺的玄妙变化，每一颗棋子的圆都是灵活多变的，双方博弈便产生无数的可能。

5.2.3 躬行实践——用圆设计美丽的图案

【情景】

某地砖制造厂准备生产一款新地砖，请你帮忙用圆形设计地砖上的图案。

【准备】

纸、直尺、圆规、铅笔、橡皮、彩笔。

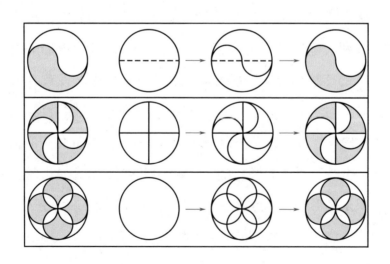

【步骤】

（1）通过查找资料，为地砖公司设计一幅自己喜欢的草图。

（2）用尺规作图，画出你所设计的图案并写出作图步骤和原理。

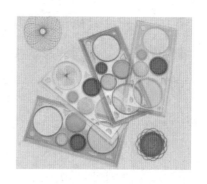

【趣味活动】

利用"魔幻万花尺"画出美丽的图案。

5.3 寻"规"道"矩"

《淮南子·说林训》中提到："非规矩不能定方圆，非准绳不能正曲直。""规矩"二字在中国文化史上源远流长，至今仍是一个为人们所普遍采用的词语，意指一定的标准、法则或习惯，并有引申为人的言行正派、守礼之意。"规矩"原是我国古代匠人常用的工具，最早的含义是指制作、校正圆形、方形之器，那么，古代的规和矩，究竟是怎样形状的工具呢？

5.3.1 古代的"规"与"矩"

《史记》中有这样的记载："(禹)左准绳，右规矩，载四时，以开九州，通九道，陂九泽，度九山。"生动地描述了大禹治水时进行测量工作的情景。可见在大禹治水的年代就有了规和矩这两种工具了。汉代武梁祠石室造像、汉代规矩砖图、东汉石刻、高昌墓内神像图等所见规矩的形状都相同，从图中我们可以得知规与后来从西方传入的圆规不一样，它是由一根直杆和一根弯曲成直角的曲杆构成的。

那规究竟是如何使用的呢？如图5.12所示，当执定直杆AO，将它一端的O指向某定点，并竖直旋转时，直角曲杆ABC环绕直杆AO而转动，其一个端点C的轨迹便是以定点O为圆心，以OC为半径的圆。可见，规虽然与西方传入的圆规外形不同，但其原

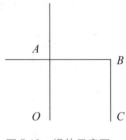

图 5.12　规的示意图

理都是一样的，直杆AO确定圆心位置于点O，由于$AB=OC=r$，因此可以移动直角曲杆上AB间的距离而任意选取半径，以画出所需要的圆或校验给定的圆。

从出土的楚铜矩、汉铜矩和宋木矩，我们可以知道楚矩的两边尺长度相等，尺上没有刻度。汉矩和宋矩的两边尺长度不等，尺上有刻度。说明早期矩的主要功用是画直角或画方形，到了汉代随着我国数学的发展结合度量计算的演变，而成为几何测量的工具了。矩的示意图如图5.13所示。

《墨子》一书对方的定义："方，矩见交也。"可见用矩作方，只需将矩尺相对并合，四个直角相交，便画成了（图5.14）。周代数学家商高曾对"用矩之道"作过理论总结："平矩以正绳，偃矩以望高，覆矩以测深，卧矩以知远。"这一段话，精炼地概括了矩的广泛而灵活的用途。"平矩以正绳"意思是把矩的一边水平放置，另一边靠在一条铅垂线上，就可以判定绳子是否垂直；"偃矩以望

高"即把矩的一边仰着放平，就可以测量高度；"覆矩以测深"意思是把上述测高的矩颠倒过来，就可以测量深度；"卧矩以知远"即把上述测高的矩平躺在地面上，就可以测出两地间的距离。简单来说，就是利用矩的不同摆法，根据勾股形对应边成比例的关系，确定水平和垂直方向，以测量远处物体的高度、深度和距离。

图 5.13　矩的示意图　　　　　　　图 5.14　用矩作方

　　规和矩的使用，对于我国古代几何学的发展有着很重要的意义。人类很早就懂得使用直尺和圆规作为几何画图工具。由于它们简单实用，直到今天仍然是我们常用的绘图工具。围绕着尺规，便产生了如何用尺规做出复杂的几何图形的问题，即尺规作图。

　　尺规作图兴起于希腊数学史上的雅典时期。据史料记载，恩诺皮德斯是最早提出"尺规作图"原则的人。约公元前300年欧几里得将其总结在他的名著《几何原本》中，成为希腊几何学的基石。只使用无刻度的直尺和圆规这两种作图工具，并且在有限次步骤内解决平面几何作图问题就叫尺规作图，也叫欧几里得作图。

5.3.2　数尽其用——尺规作图的价值与应用

　　初中数学教材中有五种常用的基本作图：

① 作一条线段等于已知线段；

② 作一个角等于已知角；

③ 作一个角的角平分线；

④ 作一条线段的垂直平分线；

⑤ 过一点作已知直线的垂线。

三角形、圆、对称作图等都可以由以上五个基本操作演变而来。由于尺规作图对作图工具的限制比较严格，所以有的平面几何作图问题无法通过尺规作图解决。历史上有三个著名的尺规作图难题曾长期困扰着学术界，被称作"三大作图难题"，分别是：

① 三等分角问题，即三等分给定的任意角；

② 立方倍积问题，即求作一立方体，使其体积是已知立方体体积的2倍；

③ 化圆为方问题，即求作一正方形，使其面积等于已知圆面积。

这三个早在约2400年前就提出的问题，人们却一直未得其解。很多数学家为此甚至耗费了毕生精力。直到1837年法国数学家旺策尔首先证明"三等分角"和"立方倍积"是尺规作图不能解决的问题。1882年德国数学家林德曼证明 π 是超越数后，"化圆为方"也被证明为尺规作图不能解决的问题。

在尺规作图2000多年的历史研究过程当中产生了很多副产品。例如，开创了圆锥曲线的研究；产生了穷竭法的思想，成为微积分的前身；研究了三次方程的解法、正 n 边形的作法，与近代的方程论、群论联系紧密，这些发现在一定意义上推进了世界数学的发展。

古代的"规"与"矩"逐渐演变成了几何测量的工具，而尺规作图在我们的生活中应用也非常广泛，体现了数学源于生活又用于生活的思想。在建筑行业中，设计师们在进行建筑物图纸设计时，会用到尺规作图，对图纸进行精细的计算与设计（图5.15）。在尺规作图的辅助下，设计师们

图 5.15　建筑物图纸设计

可以天马行空地创造出各式各样的精美图案。除此之外，在进行房屋装修及桥梁设计与施工时，尺规作图也是必不可少的工具，"平矩以正绳，偃矩以望高，覆矩以测深，卧矩以知远"这句话精炼地概括了尺规作图在建筑业中的用途，甚至在航空航天事业中，尺规作图也扮演了重要的角色。

5.3.3　躬行实践——没有规矩，不成方圆：试用尺规作图画"方"

【情境】

如何精确地作出正多边形？这是一个古老的几何问题。早在古希腊时代，人们开始研究用尺规作图作出正多边形。复杂的尺规作图都是由一些基本作图构成的，让我们先一起来探讨正四边形（正方形）的尺规作图的方法吧！

【准备】

圆规，直尺。

【步骤】

正方形该如何尺规作图呢？如图5.16所示。

（1）作圆O。

（2）以圆O上的点A为圆心，OA为半径作圆A，交圆O于B、C两点。

（3）连结OA与BC交于点D。

（4）以D为圆心，OD为半径作圆，交BC于E、F两点。

（5）连结边AE、EO、OF、FA，得四边形$OFAE$。

则四边形$OFAE$就是所求作的正方形。

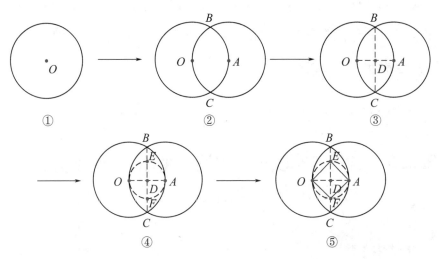

图 5.16　用尺规作正方形

第6章 『形』移物换

6.1 诗中有对仗，图中有对称

山居秋暝

【唐】王维

空山新雨后，天气晚来秋。

明月松间照，清泉石上流。

竹喧归浣女，莲动下渔舟。

随意春芳歇，王孙自可留。

　　王维的诗描绘了一幅傍晚时分山村旖旎风光与村民淳朴风尚的山居秋暝图，体现了诗人寄情山水田园，怡然自得的满足之情。其中多处字词体现了诗词中的"对仗"，与意境呼应。如：

明→清（形容词）

月→泉（名词）

松→石（名词）

间→上（介词）

照→流（动词）

明月→清泉（自然景物）

松间→石上（空间方位）

　　诗词中"对仗"的表现手法与数学中"对称"的变换思想有相通之处。诗词中的"对仗"，是上联与下联词句的某些特性（字数、词性等）保持不变。而数学中的"对称"是一个图形通过"对称变换"后得到另一图形，图形的形状、大小都不变，体现了"变中不变"的思想。

6.1.1 平仄诗句中的对称美

平仄，是中国诗词中用字的声调，"平"指平直，"仄"指曲折。中国古代汉语有四种声调：平、上、去、入。除了平声，其余三种声调都有高低的变化，故统称为仄声。平仄对称，多指上下两句之间，字音平仄错落相对。例如，杜甫的《春望》：

春望

【唐】杜甫

国破山河在，城春草木深。

感时花溅泪，恨别鸟惊心。

烽火连三月，家书抵万金。

白头搔更短，浑欲不胜簪。

这首诗的平仄是：

仄仄平平仄，平平仄仄平；

平平平仄仄，仄仄仄平平。

仄仄平平仄，平平仄仄平；

平平平仄仄，仄仄仄平平。

平仄的不同和有序排列使得诗的声调曲折回环，平声绵延，仄声急促。曲折意味着变化，高高低低，抑扬顿挫，在顿挫之间又有对比美：一联之内，平仄相对，有对称美；两联之间，平仄相粘，有和谐美。

中国古代诗词不仅从文字对仗、平仄对称体现美感，还能从其意境之中展现画面感。画面的美感是直观的，引申到数学中便是几何图形的对称美。在几何学中，对于图形的对称，一般分为轴对称和中心对称。

如果一个平面图形沿着某一条直线折叠后，直线两边的部分能够完全重合，这个图形叫做轴对称图形，这条直线叫做对称轴。例如等腰三角形沿底边上的高折叠，左右两边能完全重合，则等腰三角形是轴对称图形，底边上的高所在的直线为对称轴。如果把一个图形绕着某个点旋转180°，旋转后的图形能与原来的图形重合，这个图形就称为中心对称图形，这个点叫做它的对称中心。例如，图6.1中的风车绕对角线交点旋转180°后与原图形能完全重合，则风车为中心对称图形，风车的中心即为对称中心。

图6.1 风车

此外，两个图形的位置关系中也有对称关系。如图6.2，两个三角形关于原点成中心对称；如图6.3，两个正方形关于直线 *EF* 成轴对称。

6.1.2 数尽其用——巧寻冬至点

早在上古时期，我国古代对对称的数学性质便有所应用。古人制定历法时，在一个回归年中划分的"二十四节气"具有对称

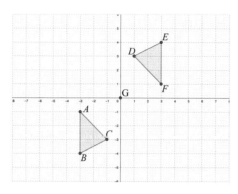

图 6.2　两个三角形关于原点对称

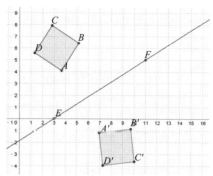

图 6.3　两个正方形关于直线 EF 对称

性：冬至点与夏至点对称，春分点与秋分点对称。如图6.4，太阳从春分点（黄经零度）出发，每前进15°为一个节气，24个节气正好一周。

　　二十四节气中最重要的节气为冬至，古人称之为"亚岁"或"小年"。西周时期，古人用圭表（测量日影的标杆）的日影长度来确定冬至的日期。冬至时日影最长，之后日影渐渐变短；夏至时日影最短，之后日影逐渐变长，如此周而复始。但冬至前后的影长变化不太明显，这样简单的测量并不能精准测定具体的冬至时刻。

　　数学家祖冲之充分利用了数学中的对称原理，给出了精确测算冬至时刻的推算方法，他在仔细研

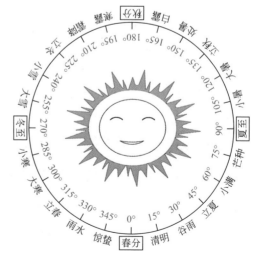

图 6.4　二十四节气图

究了每日影长的变化规律后，研究得出冬至前后的影长具有对称关系。

首先，他用圭表测定了数据：冬至前10月10日的正午时刻的日影长度为a；冬至后11月25日和11月26日正午时刻的日影长度分别为b和c（$b>a>c$）；10月10日、11月25日和11月26日的正午时刻分别为点A、B、C。

其次，如图6.5，画出示意图，假设O点为冬至时刻，则O点的日影最长，达到曲线的最高点。而A点的日影a比B点的日影b短，比C点的日影c长，所以O点必在AB之间。利用对称关系，在BC之间一定还有一点A'，这点的日影长度也为a，而O点就是AA'的中点。

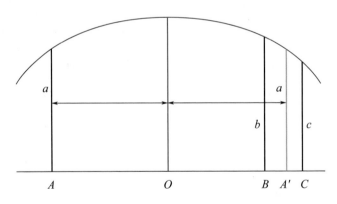

图6.5 祖冲之推算冬至时刻的示意图

这一方法极大地提高了冬至时刻的测定精度，因此一直为后世历代天文学家所沿用。而他的过人之处，就在于他大胆而成功地运用了对称原理。

由此可见，对称原理不仅应用在数学领域（几何、群论、线性代数等），在天文学中也发挥着极大的作用。除此之外，对称原理在艺术学（用于建筑、陶器、缝纫、布艺、地毯制造等）、生物学（如有机体的形状）、化学（如分子形状和晶体结构）等领域中也有着广泛的应用。在我们的生活中也随处可见对称的图形，如建筑物、戏剧中的脸谱、蝴蝶的标本、交通标志中的轴对称图案（图6.6)等，对称图形无处不在。

图 6.6　生活中的对称现象

6.1.3　躬行实践——剪纸小游戏

【情境】

运用对称图形的特点制作正六边形和五角星。

【准备】

剪刀、铅笔、尺子、正方形纸。

【步骤】

（一）用正方形纸剪出正六边形

（1）正方形纸按如图6.7所示的步骤进行折叠；

（2）用铅笔按步骤④所示画一条笔直的线，并用剪刀沿所画的线条剪开；

（3）展开铺平得正六边形。

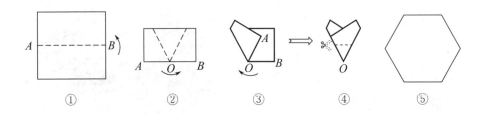

① ② ③ ④ ⑤

图 6.7　用正方形纸剪出正六边形示意图

拓展：把对角顶点用线段连起来，你发现了什么？

（二）用正方形纸剪出五角星

（1）正方形纸沿边对折展开后再对角对折一次，折出如步骤1所示折痕。

（2）沿边对折后，将右边两顶点分别沿它的长对边对折，折出如步骤2所示折痕。

（3）找到两折痕交点 A，将左侧顶点向中心点 A 折叠，如步骤3所示。

（4）将折过来的部分对折，如步骤4所示。

（5）将反面沿正面形状折好，边缘要重叠，如步骤5所示。

（6）如图折叠折出图中红色折痕，如步骤6所示。

（7）沿着步骤6的折痕剪下，打开，五角星就剪出来了，如步骤7所示。

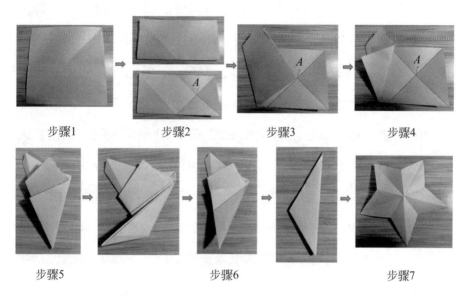

步骤1　　　　步骤2　　　　步骤3　　　　步骤4

步骤5　　　　　　步骤6　　　　　　步骤7

图 6.8　用正方形纸剪出五角星示意图

拓展：五角星是轴对称图形吗？是中心对称图形吗？

⚠️ **注意**

实验中用到剪刀，请注意安全。

6.2　日光斜照藏相似，红树花迎用镜"量"

《海岛算经》中言："今有望海岛，立两表，齐高三丈，前后相去千步，令后表与前表参相直。从前表却行一百二十三步，人目着地取望岛峰，与表末参合。从后表却行一百二十七步，人目着地取望岛峰，亦与表末参合。问岛高及去表各几何？"

这里提出了一个测量海岛上山峰高度的数学问题：因条件所限，没有足够先进的设备和测量工具，古人是如何测量出目标山峰的高度的呢？刘徽在其著作《海岛算经》中提出可以使用"重差术"的方法来测量物高，此方法中蕴含了相似直角三角形对应边成比例的性质（具体解法内容见第6.2.2节）。站在巨人的肩膀上，人们发现，测量物体高度可以利用数学中相似三角形的性质来解决问题，而测量工具不仅可以依靠日光，还可以利用镜子等物品。

据考证发现，《海岛算经》是中国最早的一部测量学著作，让中国的测量学达到了巅峰，其测量术比欧洲早了1400年左右，可见我国古代测量学的先进。

6.2.1　从日光斜照测太阳直径，初探相似性

三角形是仅次于线段和直线的基本几何图形，而空间中的大部分基本性质都已经在三角形的几何性质中充分体现。

在地球上的人们为什么看到的太阳只有一个小圆那么大呢？其实，在遥远的古代，我们的祖先就已经找寻到了答案。他们用到了三角形相似的原理，即三角形对应边成比例的性质来测量出地球距太阳多远的方法。在《周髀算经》中也曾记载着用竹竿来测量太阳

的直径的方法：取一根八尺长的竹竿，凿去竹节中的间隔，使它的内部贯通，竹竿的内径为一寸，用这根竹竿对准太阳，太阳圆面刚好充满竹竿内管。由于竹管的内径和竹竿长度的比例是1寸：8尺，所以古人认为太阳直径是日地距离的1/80，见图6.9。

$$\because \triangle ABC 与 \triangle AEF 相似，则 \frac{d}{D} = \frac{h}{H}$$

$$\therefore 太阳直径 H = \frac{D \times h}{d}$$

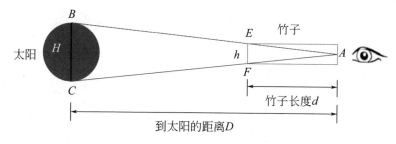

图6.9　竹竿测日示意图

古代的数学家赵爽在此基础上补绘了日高图，给出了全新测量太阳直径的方法。其中，也利用了相似三角形对应边成比例的性质。

由图6.10可知，在天地为平行平面的假设之下，在同一时刻与相距为L的两地用同高之表测得日影的长度，即可推算出日高及日远。在计算日高的过程中，还解出了两表处至日下的距离L_1与L_2。

$$由 \triangle SOB_1 \backsim \triangle B_1O_1C_1，可得：\frac{L_1}{H'} = \frac{G_1}{h}$$

$$由 \triangle SOB_2 \backsim \triangle B_2O_2C_2，可得：\frac{L_2}{H'} = \frac{G_2}{h}$$

$$\therefore H' = \frac{hL_1}{G_1} = \frac{hL_2}{G_2}, \quad \text{即} \frac{L_1}{G_1} = \frac{L_2}{G_2}$$

$$\because L = L_2 - L_1,$$

$$\therefore L_1 = \frac{G_1 L}{G_2 - G_1}, H' = \frac{Lh}{G_2 - G_1},$$

即日高之值：$H = H' + h = \dfrac{Lh}{G_2 - G_1} + h$

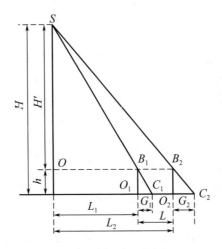

图 6.10　双表同测日高日远图

G_1、G_2—表1与表2晷影之长；H—日高（天高）；h—表高；

B_1、B_2—表1与表2；S—太阳所在的位置；L—两表间距离

L_1、L_2—表1与表2至日下的距离；

6.2.2　数尽其用——巧用镜子测树高

在实际生活中，经常会出现因为某些原因不能直接测量物体长度的情况，怎么办呢？我们可以借助镜子、结合光的反射定律等，利用相似三角形的性质来达到目的。

例如：我们利用镜子或标杆和数学知识来测量一棵大树高度。

第一种方法：

如图6.11，将镜子放在距树一定距离的平地E处，人从镜子E处沿直线AE垂直后退，直到刚好看到大树顶端在镜子中的影子，此时测量人到镜子E处的距离CE、树底A到镜子E处的距离AE和人眼睛D到地面的距离CD，

$$\because \triangle CDE \backsim \triangle ABE, \therefore \frac{CD}{AB} = \frac{CE}{AE} ,$$

$$\therefore AB = \frac{CD \cdot AE}{CE}$$

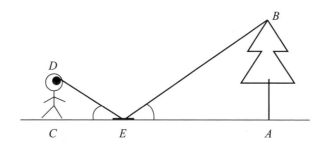

图 6.11　测树高示意图 1

第二种方法：

除了用到镜子外，还会用到标杆。如图6.12所示，将镜子放在距树一定距离的平地E处，将标杆直立在树前的适当位置MN处，人从镜子E处沿直线AE移动，直到看到标杆顶端和树的顶端的影子正好在镜子E处重合时停止，测量标杆底部N点到镜子E处的距离EN、树底A点到镜子E处的距离EA和标杆的长度MN，

$$\because \triangle EMN \backsim \triangle EBA ，得到 \frac{MN}{BA} = \frac{EN}{EA} ，$$

$$\therefore AB = \frac{MN \cdot EA}{EN}$$

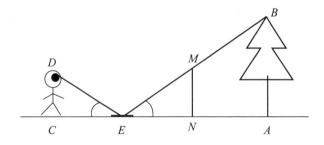

图6.12　测树高示意图2

相似三角形在生活中应用广泛，是测量不能到达的物体高度的有用工具。比如在测量建筑物的高度时，如果用量尺测量，操作难度大，危险系数高。但利用相似三角形的性质，则可以轻松算出，能节省大量的人力物力以及时间成本。

6.2.3　躬行实践——设计巨人的书桌

【情境】

巨人之手。黑板上出现了一个大大的手印（图6.13），学生们看到后都感到十分惊奇。教师对学生说："昨晚有一位巨人来访问我们学校，在黑板上留下了一个巨大的手印。今天晚上他还要来，请大家为巨人设计书桌。"

图6.13　巨人手掌示意图

【步骤】

① 测量大手印和自己的手印的宽度，算出比例；

② 测量自己书桌的长宽高；

③ 根据大手印与自己手印宽度的比例，算出巨人书桌的长、宽、高；

④ 按一定比例设计巨人书桌图纸。

6.3　华夏多民族，最炫"平移"风

服饰是人类特有的劳动成果，华夏民族的服饰更充分展现了中华传统文化的绚丽多姿。几乎是从服饰起源的那天起，人们就将其生活习俗、审美情趣、色彩爱好，以及种种文化心态、宗教观念沉淀于服饰之中，构筑成了服饰文化的精神内涵。

春秋战国时期织绣工艺的巨大进步，使服饰材料日益精细，品种名目日渐繁多。河南襄邑的花锦，山东齐鲁的冰纨、绮、缟、文绣等风行全国。服饰靠各种色线，通过抽象的几何图形的重复、平行、连续、间隔、对比等变化，形成特有的节奏和韵律，富有艺术魅力。

无论是古代还是当代，服饰设计者通常都会把几何图案、花卉图案、动物图案、人物图案、风景图案等融合起来，借助平移、对称、旋转、缩放等手段来增加美的有序性、丰富性和震撼力，给人以在现实生活中难以获得的最为纯粹的美的愉悦和享受。

6.3.1 借平移之法，增玩乐之趣

在日常生活中，有许多物品和有趣的玩具，比如中国的鲁班锁、提花机、华容道等，都是将一个基本物体沿着一定的方向，移动一定的距离，从而产生整齐稳重之美，这就是平移。在欧氏几何中，平移是一种几何变换，它将图形或空间中的每个点沿着给定方向，移动相同的距离。经过平移，对应线段平行(或共线)且相等，对应角相等,对应点所连接的线段平行。

华容道是以三国演义改编而来的益智游戏（见图6.14），四个小兵各占一格，张飞、关羽、马超、赵云、黄忠各占两格，曹操占四格。曹操如果从棋盘最下方中部的出口走出，就算成功。华容道属于滑块类游戏，游戏规则是在一定范围内按照一定条件移动一些称作"块"的东西，在平移滑动过程中不得减少块的数量，最后满足一定的图形组合要求。华容道游戏看似简单，把移动步数减到最少却不是一件容易的事情。目前为止，经典的"横刀立马"布局，最终解法是81步，而最难的"峰回路转"布局，需要至少平移138步。

图 6.14 华容道

九连环游戏主要由9个圆环及框架组成，通过平移等方法把9个圆环全部从框架上解下来或者套上去。九连环主要运用了数学中"递归"的思路与方法，过程需要分析与综合相结合，有时需"以退为进"，过程中需要耐心和冷静分析，不急不躁。

6.3.2 数尽其用——生活中的平移现象

从古至今，平移变换的应用也蕴含在我国的寓言故事中。《愚公移山》云："太行、王屋二山，方七百里，高万仞，……北山愚公者，年且九十，面山而居。惩山北之塞，出入之迂也，……操蛇之神闻之，惧其不已也，告之于帝。帝感其诚，命夸娥氏二子负二山，一厝朔东，一厝雍南。自此，冀之南，汉之阴，无陇断焉。"意思是说太行、王屋两座山，方圆七百里，高七八千丈。北山下面有个快90高龄的愚公，在山的正对面居住。他苦于山区北部的阻塞，出来进去都要绕道，就开始了移山的行动。山神听说了这件事，向天帝报告了，天帝被愚公的诚心感动，命令大力神夸娥氏的两个儿子移走了那两座山，从这时开始，冀州的南部直到汉水南岸，再也没有高山阻隔。

从数学的角度分析"大力神夸娥氏的两个儿子移走了那两座山"，揭示了平移变换的两个要素：平移的方向和平移的距离，突出了平移的本质是全等变换，不改变形状和大小，只改变位置。

除此之外，在我们的日常生活中也能见到许多平移现象。

比如，升旗的过程体现了平移的思想。升旗杆上的旗帜平移过程如图6.15所示。

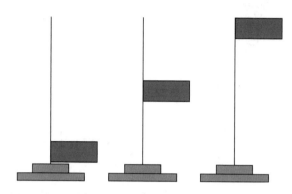

图6.15 旗帜平移的示意图

图6.16 推拉窗图

推拉窗是采用装有滑轮的窗扇在窗框上的轨道滑行移动进行开关的窗户（图6.16），具有不占据室内空间的优点，外观美丽，价格经济，密闭性较好。因此，它也成为现在大部分家庭房间窗户的选择。推拉窗在窗框上滑动的过程中，也体现了平移的思想。

推拉窗上的窗扇平移图象如下：（从蓝色位置平移至黄色位置）

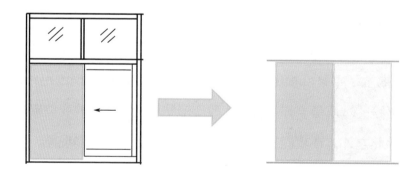

当代工匠把平移应用在现代化房屋建设中，也产生了良好的经济效益和社会效应。如平移建筑物，它主要的技术处理是将建筑物在某一水平面切断，使其与基础分离变成一个可搬动的"重物"，在建筑物切断处设置托换梁，形成一个平面托架，将"重物"转移至托架上。在就位处设置新基础，在新旧基础间设置行走轨道梁，安装行走机构，施加外加动力将建筑物移动，就位后拆除行走机构进行上下结构连接，至此平移完成。该技术不仅能节约数亿元的城市建设资金，也使许多与城市规划冲突的文物建筑得以整体保留，并且对节省资源和环境保护具有重要意义。

6.3.3 躬行实践——自制平移光栅动画

【情境】

光栅动画是利用一种透明光栅在底片上快速移动，使得底片看起来像是在运动的一种动画方式。这种动画不依赖电子媒体以及动态图片，只需一个事先准备好的底片，以及一个印在透明塑料片上的光栅图案，即可体验到动图的效果。

光栅动画的原理：用黑色条纹挡住其他帧的底图，在空隙中露出当前帧的底图，因人脑会根据看到的线段补出完整的图案，所以在左右移动光栅时，黑色条纹之间的间隙不断露出下一帧，人脑即把不断露出的帧脑补成一幅幅完整的画面，这些画面连接起来就是一个动画。

【准备】

《几何画板》软件。

【步骤】

① 打开《几何画板》软件；

② 画两个黑白相间圆以及黑白相间的条纹图形（见图6.17）；

③ 向右移动长方形条纹，经过两个圆时出现下列图象（见图6.18）。

图 6.17　条纹图形

图 6.18　动画效果演示图

第7章

洞彻数理

7.1 自古将相多智谋，却缘深谙数与理

"天有不测风云，人有旦夕祸福"（《破窑赋》）

"江南可采莲，莲叶何田田。鱼戏莲叶间，鱼戏莲叶东，

鱼戏莲叶西，鱼戏莲叶南，鱼戏莲叶北"（《江南》）

"塞翁失马，焉知非福"（《淮南子·人间训》）

　　这些古诗和谚语体现了生活中事件发生的随机性：天气是刮风还是下雨、小鱼儿向东西南北哪个方向游动、塞翁失马是福还是祸……对于这些事件，我们无法提前预料它发生的情况。类似这样有可能发生也可能不发生的事件，在概率论中称之为随机事件。

　　随着社会的进步与发展，人们逐渐发现许多随机事件的发生也是有规律可循的。概率这个数学概念，正是在研究这些规律中产生的，人们用它来描述事情发生可能性的大小。而在我国古代，早已有不少谋士懂得运用概率知识来获得最大利益。流传甚广的故事"田忌赛马"便是一个典型的例子，下面就让我们一起用概率的知识来探索其中的奥秘吧。

7.1.1 从田忌赛马分析获胜概率

　　田忌赛马的故事揭示了如何利用自己的长处去对付对手的短

处，从而在竞技中获胜的方法。该故事发生在战国时期，齐威王和大将田忌各自选出上中下三个等级的马进行赛跑。齐威王兵强马壮，总比田忌同等级的马略胜一筹。因此比赛时，田忌用同等级的马迎战，自然以失败收场（图7.1）。

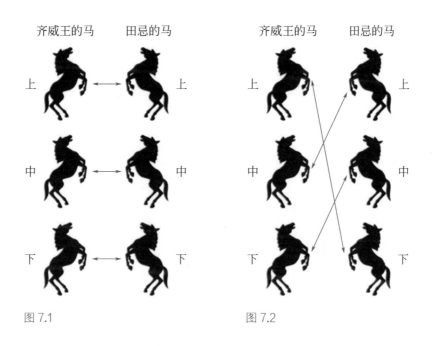

图 7.1   图 7.2

　　田忌的好友孙膑仔细研究了双方赛马的情况，发现田忌的上、中等马比齐威王的中、下等马要强，于是想出了一个妙计。他让田忌用下等马对齐威王的上等马，用上等马对齐威王的中等马，中等马对齐威王的下等马（图7.2）。结果田忌根据孙膑的策略，在之后的比赛中赢得了胜利。

　　我们利用概率论的知识来分析一下，如果不使用孙膑的策略，田忌获胜的概率是怎样的呢？

田忌赛马的关键是马匹出场的顺序，我们将如何出马看作一个随机试验。为保证公平，设这个试验所有结果出现的可能性相同。如果齐威王以上、中、下的顺序出场，这里有两种情况：一是田忌按照孙膑的计谋，田忌获胜；二是田忌的马随机出阵，则双方马匹对阵的情况有以下6种：

$$A = \begin{pmatrix} 王上马—田上马 \\ 王中马—田中马 \\ 王下马—田下马 \end{pmatrix} \qquad B = \begin{pmatrix} 王上马—田上马 \\ 王中马—田下马 \\ 王下马—田中马 \end{pmatrix}$$

$$C = \begin{pmatrix} 王上马—田中马 \\ 王中马—田上马 \\ 王下马—田下马 \end{pmatrix} \qquad D = \begin{pmatrix} 王上马—田中马 \\ 王中马—田下马 \\ 王下马—田上马 \end{pmatrix}$$

$$E = \begin{pmatrix} 王上马—田下马 \\ 王中马—田中马 \\ 王下马—田上马 \end{pmatrix} \qquad F = \begin{pmatrix} 王上马—田下马 \\ 王中马—田上马 \\ 王下马—田中马 \end{pmatrix}$$

在以上6个可能出现的结果中，田忌"三场皆输"为基本事件 A，即此概率为 $\frac{1}{6}$；田忌"负两场，胜一场"的基本事件有 B、C、D、E，则"负两场，胜一场"的概率为 $\frac{2}{3}$；田忌"胜两场，负一场"的基本事件为 F，则此概率为 $\frac{1}{6}$。综上，田忌输掉比赛的概率为 $\frac{5}{6}$；田忌赢得比赛的概率为 $\frac{1}{6}$。因此，若齐威王的马出战顺序确定，则田忌的马随机出战有 $\frac{1}{6}$ 的获胜概率。通过概率分析马匹的出场顺序，发现只有 F 这种出场顺序，才能打破越战越输的局面，获得胜利。

7.1.2 数尽其用——运筹学中的决策优化

"田忌赛马"故事中，孙膑以己之长攻敌之短。利用己方的劣质资源来消耗对方的优质资源，让对方优质资源的效益达到最低，从而实现拉低对方总体效益的目的。这充分体现了数学中运筹学的思想：对资源进行统筹安排，以找到最优的解决方案。

运筹学是一门应用学科，它主要研究的内容是在既定条件下对系统进行全面规划，用数量化方法（主要是数学模型）来寻求合理利用现有人力、物力和财力的最优工作方案，统筹规划和有效地运用，以期达到用最少的费用取得最大的效果。现代生活中，运筹学思想被广泛运用于诸多领域，例如体育比赛的团体对抗赛。在第十届全运会的羽毛球女子团体竞赛中，竞赛规则首次对比赛中运动员的出场顺序进行了改变，即在确定团体阵容时，各队教练可随意排定出场顺序，无须再像以前按照选手排名的高低依次排序。面对夺冠呼声甚高的广东队，湖南队在运动员出场顺序的排列上将"田忌赛马"的典故活学活用，最终战胜强大的对手。她们不仅实现了全运会三连冠的目标，同时也成为规则改变之后的最大受益者。

7.1.3 躬行实践——金币如何分配?

【情境】

17世纪中叶,法国贵族公子梅尔与保罗相约赌博,他们每人拿出6枚金币作为赌注,并约定谁先胜三局,谁就得到所有的金币。可是比赛进行到梅尔胜两局,保罗胜一局时,赌博被迫中断。这时候,这12枚金币的归属成为了难题。

保罗认为,根据获胜的局数,梅尔胜两局,就应该得到金币的 $\frac{2}{3}$,即8枚金币,而他应得到金币的 $\frac{1}{3}$,即4枚金币。可是,精通赌博的梅尔认为他已经获胜了两局,率先赢得三局的可能性会更大,因此他应得到全部的金币。

那么金币该如何分配呢?为了解决这个问题,帕斯卡与另一位法国数学家费马围绕这一数学问题开始了深入细致的研究。最后他们给出了答案,那就是梅尔得到9枚金币,保罗得到3枚金币。这种解决赌金分配问题所采用的方法与理论,就是概率论的雏形,对早期概率论的发展颇有影响。

请你根据概率知识,解释为什么"梅尔得到9枚金币,保罗得到3枚金币"。

【分析】

比赛进行到梅尔胜两局,保罗胜一局时中断,若此时再进行一局比赛,如果梅尔获胜,则比赛终止;如果保罗获胜,还要继续进行。因此最多再玩两局,就能决定出胜负。假设再进行两局,梅尔和保罗在每局中获胜的可能性相同，利用树状图列出所有可能出现的结果：

共有4种结果，且每种结果出现的可能性相同。其中，在梅尔胜两局保罗胜一局的前提下，前三种结果都是梅尔胜，只有第四种结果是保罗胜。所以梅尔取胜的概率为 $\frac{3}{4}$，保罗取胜的概率为 $\frac{1}{4}$，则梅尔赢得 $12 \times \frac{3}{4} = 9$ 枚金币，保罗赢得 $12 \times \frac{1}{4} = 3$ 枚金币。

7.2 多少人生难断事，一抛落地定圆方

"逆水行舟，不进则退。"（《莅山西票商欢迎会学说词》）

"种瓜得瓜，种豆得豆。"（《涅槃经》）

"人生自古谁无死，留取丹心照汗青。"（《过零丁洋》）

这些耳熟能详的谚语和古诗描述的是生活中的自然现象，我们把这些"按照自然法则必然发生的事件"称作必然事件。

除了必然发生的，还有不可能发生的现象，如：

"水面上秤锤浮，直待黄河彻底枯。"（《菩萨蛮·枕前发尽千般愿》）

"山无棱，江水为竭，冬雷震震，夏雨雪，天地合，乃敢与君绝！"（《上邪》）

这些古文中所描绘的自然现象"黄河枯""山无棱""天地合"都是不可能发生的事件，因此称之为不可能事件。

多少人生难断事，一抛落地定圆方。必然事件和不可能事件是泾渭分明的，要么一定发生，要么一定不发生。但《狄青南征》故事中的狄青却"巧妙"地把几乎不可能的事件转变为必然事件，他是怎么做到的呢？我们一起来看看！

7.2.1　狄青掷钱稳军心

北宋皇祐四年四月，广源州蛮人首领侬智高举兵反宋。大将军狄青带兵南征，前几次征讨失败，导致将士们士气低落。为了克服大家的畏敌情绪，狄青想出了一个办法。他拿出100枚铜钱，当着全体将士的面说："我把这100枚铜钱扔到地上，如果钱币全都正面朝上，上苍就能保佑我们此次打胜仗。"他的侍从认为这样的情况几乎不会出现，如此反而会影响士气，急忙劝阻狄青。但狄青没有理睬，在众目睽睽下，扔下了100枚铜钱。不可思议的是，百枚铜钱竟然全部正面朝上。将士们见神灵保佑，顿时欢呼雀跃，军心大振。狄青当即命令左右侍从，用100根铁钉把铜钱原封不动地钉在地上，盖上青布，说："等我们打了胜仗，再来感谢神灵。"之后带领官兵南进，顺利打败侬智高。

那聪明的狄青是怎么做到100枚铜钱全部正面朝上的呢？

我们知道，扔1枚铜钱时，只有两种结果出现："正面朝上"和"反面朝上"，所以"正面朝上"的可能性是 $\frac{1}{2}$，即 $\left(\frac{1}{2}\right)^1$；

扔2枚铜钱时，有4种结果出现：（正，正）、（正，反）、（反，正）、（反，反），所以"两枚铜钱都正面都朝上"的可能性是 $\frac{1}{4}$，即 $\left(\frac{1}{2}\right)^2$；

扔3枚铜钱时，一共有8种结果：

（正，正，正）、（正，正，反）、（正，反，反）、（正，反，正）

（反，正，正）、（反，正，反）、（反，反，正）、（反，反，反）

所以"三枚铜钱都正面朝上"的可能性为 $\frac{1}{8}$，即 $\left(\frac{1}{2}\right)^3$；

扔4枚铜钱时，"铜钱全部正面朝上"的可能性为 $\frac{1}{16}$，即 $\left(\frac{1}{2}\right)^4$；

……

扔100枚铜钱时，铜钱面面全部朝上的可能性为 $\left(\frac{1}{2}\right)^{100}$，几乎为0，因此狄青要使100枚铜钱全部正面朝上几乎是不可能的，那狄青是怎么做到的呢？

到班师回朝的时候，按原先的约定，到祭神的地方收回钱币，这时将士们才发现，原来这些铜钱两面都是正面的图案。聪明的狄青明白如果使用真铜钱，要全部正面朝上几乎是不可能的，但若是铜钱两面都为正面，则结果是必然的。

狄青利用巧法，变更条件，抛掷两面都是正面的100枚铜钱，使得它们全部正面朝上，这是一个必然事件。这样肯定能够鼓舞士气，给予将士们极大的信心，从而赢得了战争的胜利。

7.2.2 数尽其用——确定事件的概率

事物的发生、发展和联系包含着必然性和偶然性两方面。当我们观察自然现象和社会现象时，可以将其分为两种基本类型：确定事件与随机事件。确定事件包括必然事件和不可能事件。在一定条件下重复进行试验时，在每次试验中必然发生的事件叫做必然事件；在一定条件下进行重复试验时，一定不会发生的事件叫做不可能事件。与确定事件相对的就是不确定事件，也就是随机事件。

必然事件在生活中随处可见。例如，早上太阳一定会从东方升起（图7.3）；在标准大气压和温度15℃时，容器里的水一定处于液体状态；在地球上，向上抛的石头，一定会往下落；欧氏几何中，一个三角形的任意两边之和必大于第三边等这些都是必然事件。与必然事件相反的不可能事件也有很多，如太阳不可能从西边出来；在地球上人不能徒手抱起自己等。

图 7.3　旭日东升

　　必然事件和不可能事件的确定性在生产生活中给人们带来很大的帮助。在物理学中同种电荷相斥、异种电荷相吸是自然现象，由此人们发明静电技术，静电复印、静电除尘、静电喷漆为生活带来便利；抛一个物体最终会落回地面是一个必然事件，因此利用重力的作用，人们制作羽毛球、砌墙的重垂线等。在数学中，1+1=2 被默认为是必然事件，由此数字运算引发了持续千年的数字大爆炸。人类根据自然现象和社会现象的确定性，不断发明和创造新的事物从而推动社会的发展。

7.2.3 躬行实践——"生死签"定生死

【情境】

相传古代有一个国王，由于崇尚迷信，世代沿袭着一条奇特的法规:凡是死囚，在临刑前都要抽一次"生死签"，即在两张小纸条上分别写着"生""死"的字样，由执法官监督，让囚犯当众抽签，如果抽到"死签"，则立即斩首;如果抽到"生签"，就被认为这是神的旨意，应予当场释放。

有一次，国王决定处死一个敢于"犯上"的大臣。他与几个心腹密谋，想出狠毒的计策，暗中嘱咐执法官，把两张"生死签"都写成"死"字，这样，不管犯人抽到的是哪一张签，都是必死无疑。

囚臣事先已知道国王的计谋，当执法官宣布抽签后，只见囚臣以极快的速度抽出一张签，并迅速塞进嘴里，等执法官反应过来，嚼烂的纸早已咽下去。执法官赶紧追问:"你抽的是'生签'还是'死签'?"囚臣故作叹息说:"我听从神的安排，只要看剩下的签是什么字就清楚了。"

请问，囚臣为什么这么做呢?请用概率的知识进行分析。

【分析】

法规规定有"生签"和"死签"，因此死囚抽签的事件是属于随机事件，抽到"生签"或"死签"的概率各为 $\frac{1}{2}$。

国王的阴谋:当只有"死签"时，死囚抽到"生签"是不可能事件，抽到"死签"是必然事件。

死囚的智慧：两签都是"死签"，死囚吃下的一签肯定是"死签"，留下的也是"死签"。但是，若按照国王的法规来推理：抽签是一个随机事件，因为可查看的只有剩下的签——"死签"，所以死囚吃的是"生签"。死囚巧妙地将抽到死签这一必然事件转化为原来法规里的随机事件（抽到生签），从而保住了性命。

7.3 箭矢如飞盖天过，草芥轻摇满载还

三国时期，孙权联合刘备抵抗曹操大军。他部下有两名得力干将——周瑜和诸葛亮，但周瑜不满诸葛亮才干，在赤壁之战中以借箭（限十天造十万支箭）为由故意为难。机智的诸葛亮一眼识破这是"害人之计"，仍淡定表示只需要三天即可完成。周瑜暗想，三天不可能造出十万支箭，正好利用这个机会来除掉诸葛亮。

诸葛亮秘密地找鲁肃借了二十只船，每只船上派三十名军士，船用青布幔子遮起来，在船两边排一千多个草把子。两天过去了，不见一点儿动静，到第三天四更的时候，诸葛亮请鲁肃一起到船上去，说要去取箭，鲁肃很纳闷。

诸葛亮派人把船用绳索连起来向对岸开去，那天江上大雾迷漫。当船靠近曹军水寨时，诸葛亮命船一字摆开，又命令士卒擂鼓

呐喊，故意制造了一种击鼓进兵的声势。曹操以为对方来进攻，又因雾大怕中埋伏，连忙调旱寨的弓弩手六千多人赶到江边，会同水军射手，共一万多人，一齐向江中放箭，箭好像下雨一样，纷纷射在江心船上的草把子上。过了会儿，诸葛亮又吩咐船掉过头来，让船上另一面的草把子受箭。

等到日出雾散，船上的草把子插满了密密麻麻的箭。此时，诸葛亮才下令船队返回。还命令士卒齐声大喊："谢曹丞相赐箭！"当曹操反应过来时，诸葛亮取箭船队因顺风顺水，已经离去20余里，曹操懊悔不已。船队返营后，共得箭十万余支，为时不过三天。鲁肃目睹其事，称诸葛亮为"神人"。周瑜得知这一切后自叹不如。

7.3.1　草船借箭中的概率

"草船借箭"是《三国演义》中的经典故事，在鲁肃的帮助下，诸葛亮利用曹操多疑的性格，调了几条草船诱敌，终于借到了十万余支箭，立下奇功。

那么，诸葛亮真的借到了十万支箭吗？

假设曹操的弓箭手全是普通士兵，每个士兵单次射中目标的概率相同为0.1。射一次时，射中的概率为0.1，没射中的概率就是0.9；

连续射两次时，两次都射不中的概率为0.9^2，则"至少射中一次"的概率为$1-0.81=0.19$；

……

一个士兵100次都射不中的概率为$0.9^{100}\approx0.00003$，而"至少射中一次"的概率为$1-0.00003=0.99997$。

也就是说，当射箭次数增多时，射中的概率越来越大，几乎接近"1"。所以，在《草船借箭》的故事中，只要满足弓箭手的数量和射箭的次数，那么诸葛亮要借到十万支箭在理论上是可行的。

根据伯努利大数定律：在大量重复独立试验情况下，随机事件出现的频率与该事件的概率非常接近。如果一个事件的概率很小，那么它发生的频率也很小。比如事件的概率为0.001，那么在一千次相同试验中，事件只出现1次左右，所以在一次或个别试验的情况下，该事件就几乎不可能发生了。我们把这种在一次试验中是几乎不可能发生的，但在多次重复试验中是必然发生的事件叫做小概率事件。概率很小的事件在一次试验中是几乎不可能发生的，我们称之为"小概率事件原理"。从这一原理可知，小概率事件通常在一次试验中是不可能发生的，如果在一次试验中它发生了，那就有理由认为这是一种反常现象，由此可以判断出实际问题中的原定假设是错误的或是出现了"意外"情况。

但是，即使一个事件发生的概率非常小，只要我们有足够多的机会，这个事件最终一定会发生，这就是概率论中的"小概率事件必然发生定律"。这一定律在实际应用中非常广泛，在统计学、保险、金融等领域中都有应用。

7.3.2 数尽其用——现实世界中的小概率事件

《五杂俎》记载：明太祖朱元璋相信禄命之说。某日朱元璋问刘伯温此事，刘伯温说："世人命运皆有天数，啼落人间。"意思是说，人的生辰八字确定了，这辈子的命运基本就确定了。朱元璋却反问："若有人与我的八字相同，岂不是有两个皇帝？"于是朱元璋马上下令，派发文书到各州县，查找与自己八字相同的人，没想到真的在浙江省慈溪县找到一个和朱元璋的生辰八字完全一样的人。

我们知道生活中遇到同月同日出生的人的概率是非常小的，是小概率事件，那我们能碰上这种"机缘巧合"的机会是否真的很难呢？我们知道，任意两个人，生日不同的概率为 $\frac{365 \times 364}{365^2}$。若有 r 个人在一起，其中却找不到两个人生日相同的概率为 $\frac{365 \times 364 \times \cdots \times [365-(r-1)]}{365^r}$。因此，在 r 人当中，最少有两人生日相同的机会为 $1 - \frac{365 \times 364 \times \cdots \times [365-(r-1)]}{365^r}$。若令 $r=55$，则 $p(A)=0.99$，那么55人中有99%的可能可以找到两人的生日相同。

在日常生活中，小概率事件原理有广泛的应用。例如，生活中的买彩票中奖、轮船沉没、火山喷发、飞机失事、看到流星雨、看到日食等小概率事件。

中国是世界上最早、最完整记录日食的国家。一般地，我们会将"日食"看作是极为罕见的事件，但根据日食发生记录表，日食

中国传统文化的数学之光

发生的次数并不少，甚至可能比月食还多，只是因为日食覆盖的地区小，发生日食时地球上只有小部分地区才能看到，发生月食时半个地球都能看到，因此我们会认为日食比月食发生的概率更小。所以将"日食"看作是小概率事件是不准确的，应该是"你能看见日食"才是小概率事件（图7.4）。

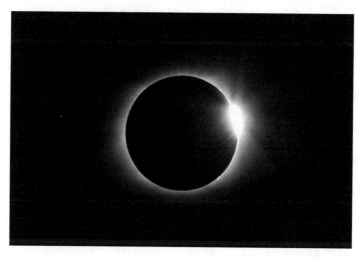

图7.4　日食

小概率事件不是不发生，只是发生概率小而已，所以我们不能忽视它发生的可能性。我们经常听到有人说"不要心存侥幸""不怕一万就怕万一"，说的就是不要忽视小概率事件。例如，每年因心存侥幸"闯红灯"引发的交通事故数不胜数。但是也不要因为多次重复试验中"小概率事件必然发生"而担忧害怕，小概率事件可以帮助我们判断和选择。新闻报道中飞机失事的后果相当惨烈，就因为如此很多人对飞机出行非常担心，这其实是不明智的，事实证明飞机在目前所有的交通工具中失事的概率是最低的。因此，对小概率事件应有一个正确的认识。

7.3.3 躬行实践——寻找身边的"墨菲定律"

【情境】

你有过这样的经历吗？在超市排队结账的时候，总感觉另外一队更快，当你换到另外一队的时候，又发现原来这一队更快；某天形象邋遢时出门，越不想让人看到，可偏偏碰到的都是熟人；你需要打出租车时，发现平时街道上"空车"的出租车都载满了，半天不见空车的踪影，而等你改主意不坐出租车了，满大街又都是显示"空车"字样的出租车……越是害怕某件事情发生越是会发生，这就是著名的"墨菲定律"。

"墨菲定律"是一种心理学效应，它的本意是：如果有两种以上的方式去做某件事情，而其中一种选择方式将导致灾难，则必定有人会做出这种选择。根本内容是：如果事情有变坏的可能，不管这种可能性有多小，它总会发生。这里说的"可能性有多小"就是指小概率事件。其实，小概率事件每天都在发生，但是"小概率必然发生"不是让人们杞人忧天，也不是让人们心存妄想，而是要让人们知道，世间万物充满变数，小概率的好事与坏事都伴随着我们，我们要用最积极的心态去面对生活。

【找一找】

你身边有哪些事件是"墨菲定律"？

第8章

数学之思

8.1 取长补短，相得益彰

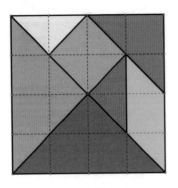

图 8.1 七巧板制作方法

七巧板俗称"七巧图"或"智慧板"，是我国最古老的益智玩具之一，被西方誉为"东方魔板"。七巧板由 7 个颜色各异、形状不一的板块组成，其制作方法如图 8.1 所示。将一个正方形分割，得到 5 个等腰直角三角形、1 个正方形和 1 个平行四边形，它们的面积和边长之间都存在一定的比例关系。通过拆分、重组，这 7 个板块可以拼出动物、数字、动作等图形（图 8.2）。无论这 7 个板块如何拼接，图形的总面积始终保持不变。

图 8.2 鱼和数字 3

在七巧板的分割、重组里，充分体现了数学中的割补思想。因此七巧板也常常被用来帮助孩子认识几何图形，领悟图形的分割与组合，培养几何直观和空间观念。我们常说的"取长补短"就体现了线段长度的割补思想。除此之外，在求不规则平面图形的面积和不规则空间几何体的体积时也经常用到割补思想。

8.1.1 "燕几图"中蕴含的割补思想

七巧板的前身是宋代的燕（宴）几图，到明代发展为蝶几图，直至清初才演变成七巧图。燕几图的设计者是北宋时期的黄伯思，他对几何图形很有研究，利用七张小桌子组成"燕几"（古代用来宴请宾客的案几）。通过不同的拼接，这七张桌子能组合成形式多样的组合桌，包括大、小长方形桌，凹字形桌，T形桌，门字形桌等，因此能根据宾客和菜肴的多少与室内空间大小来变化，是今天组合桌几之祖。

"燕几"组合、拼接的方法在数学中称之为割补法。割就是把不规则的图形分割成几个规则图形，补就是把不规则的图形补充成一个规则图形，再通过求和或作差，计算面积或体积。割补法主要是针对平面图形或空间图形所采用的一种几何变换，把不规则图形转化为便于计算的规则图形（如矩形、三角形），常常用来求不规则平面图形的面积或不规则空间几何体的体积。

割补转化是重要的解题策略，在割补之中找到未知与已知之间的联系，将复杂问题简单化。同时这种方法还蕴含了化归思想，使陌生化为熟悉，复杂化为简单，抽象化为直观，含糊化为明朗。割补法不仅应用在求面积和体积的问题中，在解决应用题和立体几何问题、求证线段与线段的和差倍分关系和代数式之间的恒等关系等问题当中都有着广泛的应用。

8.1.2　数尽其用——出入相补原理的应用

割补法在我国古代数学中称为"出入相补"：一个平面图形从一处移至他处，面积不变，或者将一个图形分割成几部分进行重组，得到的图形与原图形面积相等，是数量的平均思想在几何上的体现。在中国古代数学史上，数学家们运用出入相补原理在平面多边形的面积计算（解决很多不规则图形的面积问题，极大地促进了我国古代的农耕的发展）、勾股定理证明、开平方（立方）、解二次方程等诸多方面取得了巨大成就。

"出入相补"原理，刘徽在《九章算术注》中又称之为"以盈补虚"，即以多余补不足。长方形在古代称为"方田"或"直田"，是出入相补原理的最基本图形。刘徽把长方形的面积算法作为基本算法，将等腰三角形、直角三角形、等腰梯形，逐步变成等面积的长方形，利用长方形的面积来计算原图形面积，这里以证明等腰三角形面积公式的两种方法为例来分析出入相补原理。

第一种方法如图8.3所示，沿底边上的高，将等腰三角形一分为二，以盈补虚，补成矩形，因此$S_{矩形}=\dfrac{1}{2}\times底\times高=S_{三角形}$。第二种方法如图8.4所示，将等腰三角形的高二等分，以盈补虚，补成矩形，$S_{矩形}=底\times\dfrac{1}{2}\times高=S_{三角形}$。这两种方法对任意三角形也适用，具有一般性，由此也可得一般三角形的面积公式。

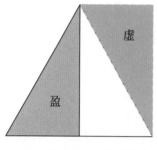
图8.3　等腰三角形的割补1

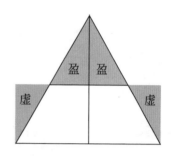
图8.4　等腰三角形的割补2

利用出入相补原理，刘徽还给出了勾股定理的一种证明方法：直角三角形，以勾（AB）为边的正方形为朱方，以股（AC）为边的正方形为青方。以盈补虚，将朱方、青方并成弦（BC）方。

如图8.5（由于原图丢失，此图由清代数学家李潢所补）所示，将正方形$BCDE$进行分割，恰好能拼接成以AC为边和以AB为边的两个小正方形。

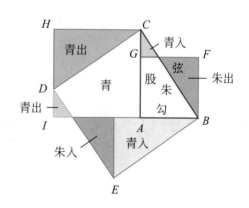
图8.5　刘徽对勾股定理的证明

因此 $S_{正方形BCDE} = S_{正方形ACHI} + S_{正方形ABFG}$，即 $BC^2 = AC^2 + AB^2$。

将出入相补定理与极限思想结合，又能得到圆面积的一种证明方法。如图8.6所示，将圆对半分割成无数个均等的小扇形，展开再重合。无限分割下去，重合后的图形趋近于矩形，矩形的长为圆周长的一半，宽为圆的半径。因此矩形的面积= $\frac{1}{2} \times 2\pi r \times r = \pi r^2 =$ 圆的面积。

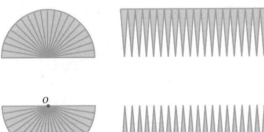
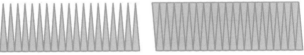

图 8.6　圆的割补

除此之外，《周髀算经》中的"日高术"（测量太阳高度的公式）和《海岛算经》的"重差术"（测量海岛高度的公式）都可利用出入相补原理推导得到。

8.1.3　躬行实践——趣味割补法

【情境】

将一个圆平均分割成16个扇形后，尝试拼成近似的平行四边形、梯形或三角形（图8.7），你能利用这三个图形大致推算圆面积的计算公式吗？

中国传统文化的数学之光

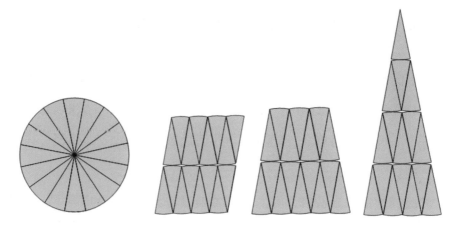

图 8.7

【分析】

将圆平均分割为16个扇形，则每部分扇形的半径为圆半径 r，底边长度为圆周长的 $\frac{1}{16}$，即 $\frac{1}{8}\pi r$。

近似的平行四边形：底边长度为4个扇形底边长，即 $4 \times \frac{1}{8}\pi r = \frac{1}{2}\pi r$，高为 $2r$，则近似的平行四边形面积为 $\frac{1}{2}\pi r \times 2r = \pi r^2$。

近似的梯形：下底边长度为5个扇形底边长，即 $5 \times \frac{1}{8}\pi r = \frac{5}{8}\pi r$。上底边长度为3个扇形底边长，即 $3 \times \frac{1}{8}\pi r = \frac{3}{8}\pi r$，高为 $2r$，则近似的梯形面积为 $\frac{1}{2}\left(\frac{5}{8}\pi r + \frac{3}{8}\pi r\right) \times 2r = \pi r^2$。

近似的三角形：底边长度为4个扇形底边长，即 $4 \times \frac{1}{8}\pi r = \frac{1}{2}\pi r$，高为 $4r$，则近似的三角形面积为 $\frac{1}{2} \times \frac{1}{2}\pi r \times 4r = \pi r^2$。

圆无限分割时，平行四边形、梯形及三角形的面积就是圆的面积，所以圆的面积为 πr^2。

8.2　以形助数，以数解形

　　中国现代数学之父华罗庚曾经说过："数与形，本是相倚依，焉能分作两边飞。数缺形时少直觉，形少数时难入微。数形结合百般好，隔离分家万事非。切莫忘，几何代数统一体，永远联系，切莫分离！"

　　深刻地揭示了数形之间的辩证关系以及数形结合的重要性。数形结合包括两方面："以形助数"和"以数解形"。以形助数，是利用形象、具体的图形，直观呈现出抽象的数量关系。以数解形，是利用数量的精确性、数运算的逻辑性来刻画直观图形的特征，对图形有更准确的认识。

　　我国古代数学中，处处可以寻觅到数形结合思想的印记。拥有悠久历史的计数工具算筹和算盘，都是利用具体可见的东西来表示抽象的数字及其运算方法，可以看做是数形结合的雏形。在《九章算术》中用数来解决平面图形和立体图形的求积问题，同时也用形的直观来解释数的算法，如"开方术""开立方术"等。刘徽在《九章算术注》中提出的出入相补原理，用图形的分、合、移、补进一步证明了许多数学恒等式，实际上也是对数形结合思想方法的进一步发展。

8.2.1　数形有桥梁，坐标"绣"中藏

　　刺绣是中华民族最具代表性的传统手工艺之一，具有两三千年

的历史。人们在织物上绣制各
种装饰图案，不仅具有装饰性
价值，也表达着人们对生活的
美好祈愿和希望（图8.8）。针
线在纵横交错间穿梭，在绣布
上描绘出一幅幅精美图案的同
时，也在无形之中为代数和几
何架起了一座桥梁。

图 8.8　刺绣图

　　据钟涛所著的《苗绣苗锦》记载：挑花即刺绣，又称数纱绣。
其工艺简单便于操作，只需一块平纹底布和绣线就能制作。以平纹
布为底布，是利用经纬线交叉的十字点作为坐标，进行施针布线。
因此每幅绣品不仅蕴含着丰富的传统文化，也隐藏着数学中数形结
合的重要工具——直角坐标系。

　　如图8.9所示，刺绣时，找准坐标位置，确定绣品的大小和布
局，便可以在纤布上绣出与样图一样的图案。

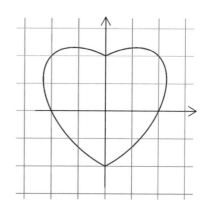

图 8.9　刺绣中的直角坐标系

第一步：在图样上画网格线，确定图案边缘处点的位置。

第二步：在纤布上按照一定的比例，画网格线。

第三步：在画好了网格线的纤布上找到图样上与之对应的点。

第四步：用红色的线将点连起来，然后把图形填满，便完成了刺绣作品。

可以看到，在纤布上画网格线，图案上点与坐标位置的一一对应，就相当于在平面直角坐标系中点与坐标的一一对应，两者都涉及了几何与代数之间的相互转化。

在数学中，习惯将平面内位于水平位置与垂直位置的两条数轴，组成平面直角坐标系，并取向右、向上两个方向为正方向。建立了平面直角坐标系后，坐标平面内的每一个点都可以用坐标（有序数对）来表示。反过来，任何一个坐标都可以在直角坐标系内找到唯一确定的点，从而建立坐标平面内点与坐标的一一对应。因此，可以借助直角坐标系来刻画出美丽的几何图形，比如圆（图8.10）、玫瑰线（图8.11）等图案。

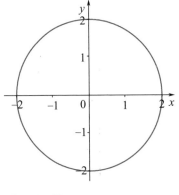

图 8.10　圆

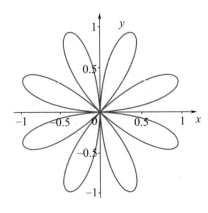

图 8.11　玫瑰线

直角坐标系与几何图形相结合，使得几何图形上的每个点都可以用有序数对的量化运算来研究图形的几何性质，这也为研究几何图形的性质提供了一种新的方法。在生活中也有很多这样的有序数对，我们购买电影票后，会显示第几排第几座，这样的一组数就能让我们很快地找到自己的位置。

8.2.2 数尽其用——数形本相依，结合百般好

数形结合思想除了在数学领域发挥着重要的作用，在我们日常生活中也极为重要。以概率和统计方面为例，在分析全市居民月用水量的特点时，为了便于观察，将收集到的数据（图8.12）用直方图（图8.13）、折线图(图8.14)表示出来，通过绘制直方图可以更清晰地反映居民月用水量区间的频率，通过折线图观察坐标上折线方向可以更加直观地了解月用水量的动态变化趋势。但是折线图和直方图也有缺点，把数据表示成折线图和直方图后，从图本身不能得出原始的数据内容，不利于获取精确的信息，所以将数与图形

8.0	14.6	12.3	7.5	4.3
6.8	5.5	18.6	2.2	2.3
13.8	10.2	4.9	6.8	14.2
2.5	10.5	2.2	5.7	16.8
12.1	1.3	11.2	7.7	4.9
10.0	16.7	21.9	3.8	7.2
13.5	2.6	17.8	5.1	20.0
25.5	6.5	10.2	5.5	2.3
12.2	23.4	5.5	4.4	7.9
9.8	3.8	12.2	22.6	11.5
2.5	2.6	9.9	3.6	5.6
2.3	25.3	25.4	6.9	7.5
7.9	5.2	15.7	2.6	5.8
21.5	6.3	2.4	9.5	3.7
6.0	18.0	2.3	6.3	7.5
3.8	4.1	6.8	1.3	7.0
4.5	13.3	27.0	10.2	13.8
3.6	7.2	16.3	18.4	5.6
10.3	5.9	4.8	3.2	21.6
24.3	5.5	5.4	17.0	6.8

图 8.12　居民月用水量

有机统一起来，可以更好地分析与解决问题。

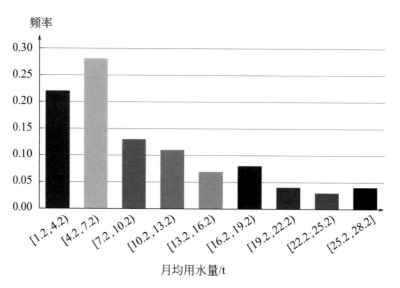

图 8.13　直方图

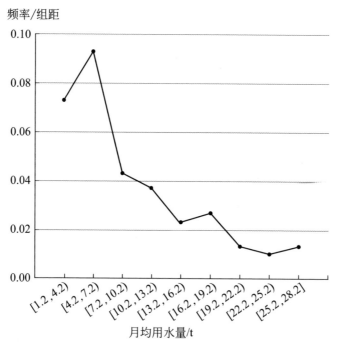

图 8.14　折线图

除此之外，数形结合思想在物理领域也有着广泛的应用。例如，力学规律描述物体由于相互作用而引起空间位置的变化，运动轨迹从形的方面反映物体的运动，位移、速度、加速度则从数量的方面反映物体的运动（图8.15）。作用力似乎是一个完全抽象的数量化的物理量，但它是通过被作用的物体的形状变化或运动的变化来体现。质量似乎也是独立于大小和形状的量，但是物体的质量只有在物体之间相互作用时才能体现出来。运用数形结合思想来解决物理问题，也是抽象思维与形象思维的结合。

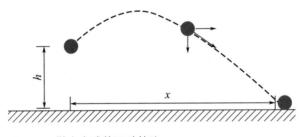

图 8.15　抛出小球的运动轨迹

8.2.3　躬行实践——平方差公式的几何证明

【情境】

平方差公式由多项式乘法展开后便可得到，即$(a+b)(a-b)=a^2-ab+ba-b^2=a^2-b^2$，但你能利用几何图形来证明吗？

【分析】

方法一：如图8.16所示，a^2-b^2表示为以边长为a的大正方形面积减去以边长为b的小正方形面积所剩余部分的面积，而剩余部分刚好可以补成以$a+b$为长，$a-b$为宽的矩形（图8.17），两面积相等，即$a^2-b^2=(a+b)(a-b)$。

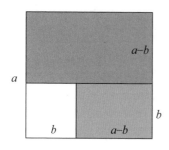

图 8.16　分割 1

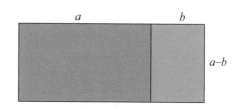

图 8.17　拼接

　　方法二：如图8.18所示，大正方形去掉小正方形所剩下的部分还可以进行如图8.19和图8.20所示的拼接，也能证明平方差公式。

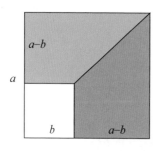

图 8.18　分割 2

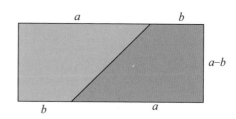

图 8.19　拼接方法 1

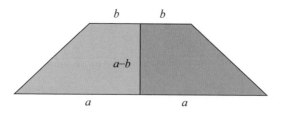

图 8.20　拼接方法 2

8.3 以子之矛，攻子之盾

韩非是战国时期法家学派的代表人物，是法家思想之集大成者。其著作《韩非子》里记载了大量脍炙人口的寓言故事，自相矛盾就是其中耳熟能详的典故之一（图8.21）。楚国有个既卖矛又卖盾的人。他先夸耀自己的盾说："我的盾格外坚硬，任何东西都不能刺

图 8.21 自相矛盾

穿它。"同时又夸耀自己的矛说："我的矛锋利无比，没有什么东西是刺不穿的。"有人质问他："如果用你的矛去刺你的盾，结果会怎样？"那个人顿时哑口无言了。

其实，无法被刺穿的盾牌和没有刺不破盾的长矛，是不可能同时存在的。对立着的事物，既互相依存又互相排斥，如果把它绝对化，就会像这个楚国人闹自相矛盾的笑话。数学证明中常用的反证法就是这一思想的规范化，而反证法在数学的应用中发挥着极大的作用。

8.3.1 自相矛盾中的反证法思想

下面我们利用反证法来揭示自相矛盾中的谬误。

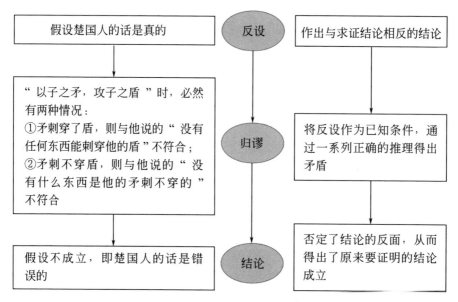

图 8.22　反证法的一般步骤

数学中将这一思想进行抽象化和规范化，形成反证法证明命题的一般步骤（图 8.22）：反设→归谬→结论。简要概括为"否定→推理→否定"，从否定结论开始，经过正确的推理得出矛盾，达到新的否定。苏轼创作的一首七言绝句《琴诗》就是如此。

若言琴上有琴声，放在匣中何不鸣？

若言声在指头上，何不于君指上听？

要证明琴上没有琴声，可先假设其否命题"琴上有琴声"是正确的。将琴放在匣中应该"鸣"，现在"不鸣"，说明假设错误。而对于琴上是否有琴声这件事情，只会出现两种结果：有、没有。证明了"琴上有琴声"是错误的，自然只有"琴上没有琴声"这种情况，原命题得证。同样，要论述声不在指头上是正确的，那么先假设其否命题"声在指头上"是正确的，即指头上应该有声音。而事实是"何不于君指上听"，即在指头上听不见声音，与假设产生矛盾，所以原命题成立。

早在先秦时期，我国就出现了逻辑思想的萌芽。不过由于中国传统数学对演绎证明不够重视，古人未能发现反证法，而大多采用反驳（用已知为真的命题来驳斥另一个命题的虚假性）。例如：举反例或者归谬法，后者指假定命题为真来推导出荒谬的结论。反驳与反证法形式上非常相似，但在逻辑上有根本的区别：反驳不否定原命题，大多用于证明原命题为假，而反证法要否定原命题（否则就不是反证法），大多用于证明原命题为真。

刘徽是中国最早主张用逻辑推理的方式来论证数学命题的人。他在《九章算术注》中大量使用反驳，如反驳开立圆术（已知球体积，求球直径的方法）、周三径一（圆周周长与直径的比率为 $3:1$）、弧田术（求圆弓形面积的方法）。但都是采用举反例或归谬法来证明《九章算术》的某些公式是错误的，即重在证伪。

8.3.2 数尽其用——正难则反方为道，退步缘是为向前

反证法是间接证明的主要方法，也是一种重要的数学思想方法。有些不容易或根本不可能直接证明的命题，采用反证法往往能使问题变得容易解决，数学上不少著名的定理就是用反证法证明出来的，如中值定理、费马大定理等。由此可见，反证法在数学中的

运用极为重要。但反证法适用的命题无特殊规律可循，即使是同一类型的命题，也往往有些适宜用反证法，有些却不适宜。原则上，只能因题而异，正难则反。当从问题的正面去思考问题，遇到阻力难以下手时，可通过逆向思维，从问题的反面出发，逆向地应用某些知识去解决问题。

事实上，除了在数学中反证法被广泛运用，在我们生活里也时常能见到反证法的身影。比如这样的场景，A和B从电影院出来，B发现地面上全是水，随口说道："刚刚居然下了一场雨，还好我们在电影院没被雨淋到。"A说："没有下雨。"B说："为什么？"A解释道："如果下了雨，不仅地面上有水，屋檐上、树上这些露天的地方都会潮湿或者有水，但这些都是干燥的，说明没有下雨。"A为了证明没有下雨，先反设下了雨，结合生活常识，证明反设不成立，即原命题——没有下雨成立。通过举反例来说明自己的观点，这样的方式在日常对话、辩论赛中都十分常见。这样的辩论方法"以退为进，引出荒谬，以谬制谬，克敌制胜"，在日常辩论甚至是法庭辩论中，都起着不可小视的作用。

在案件侦查中，也时常能见到反证法思想的体现。在分析某个偷窃案时，警察确定X不是小偷，并解释道："如果X是小偷，偷窃案发生时，他一定在现场。可是根据家里监控显示，当时他正在家中和朋友打游戏，不可能到达现场。所以排除了X的嫌疑。"警察在这里就是运用反证法来推理的，为了证明原命题——X不是小偷，先做出反设——X是小偷，在反设的前提下，案发时X必然在现场。但事实说明 X 当时不在现场,所以反设不成立,那原命题——X 不是小偷就一定成立。在案件侦查时,灵活运用反证法,也能避免冤假错案的发生。

正难则反方为道,退步缘是为向前。反证法的思维逻辑告诉我们,遇到难以解决的困难时,不要陷入定式思维,可以尝试跳出问题框架,从问题的反面寻找解决方法。

8.3.3 躬行实践——罗素悖论(理发师悖论)的解释

【情境】

英国数学家罗素提出了著名的罗素悖论:集合论是有漏洞的!在当时的数学界和逻辑学界引起了巨大的反响,从而引发了第三次数学危机。罗素悖论也称理发师悖论:某村只有一个理发师,且该村的人都需要理发,理发师规定,只给村中不给自己理发的人理发。那理发师给不给自己理发呢?请给出结论和解释。

【分析】

假设理发师给自己理发,那理发师不属于村中不给自己理发的人那一类,就不能给自己理发,与假设矛盾。假设理发师不能给自己理发,理发师属于不给自己理发的人那一类,就能给自己理发,也与假设矛盾。

8.4 一尺之捶，日取其半，万世不竭

"一尺之捶，日取其半，万世不竭"，这是我们耳熟能详的诗句，意思是：长为1尺的木杖，每天截取剩下的一半，永远也取不尽。这不禁令人疑惑，才1尺长的木杖，又怎会取不尽呢？从数据上来分析，每天截取一半后剩下的长度：第一天为 $\frac{1}{2}$，第二天为 $\frac{1}{4}$，第三天为 $\frac{1}{8}$，……无限地截下去，这长度永远不会等于0，因此这样的分割是无穷无尽的。

这是《庄子》中有关"无限"的例子，通过日截其半的动态过程，人们感受到"木杖越来越短，接近于零却永远不等于零"的极限状态。这是最朴素最典型的极限思想，它包含着极限概念的萌芽，表达了古代无限可分性的思想。

8.4.1 从"一尺之捶"到无限分割

早在春秋战国时期，人们对"无限"就有了初步的认识。《墨经》中巧妙地借用一根有穷长的尺子来给无穷的抽象哲学范畴给出了定义：一个空间区域的边界，前面不够一尺的话，可以说是极尽之处，即有穷。如果还能容一尺之宽，那就还不是极尽之处，也就是无穷。《墨经》认为分割可以无限继续下去，最终必能达到不可分的"端"，即极限点，这便是极限思想的雏形。一段木棒不断

地砍去一半，当这种过程不能再进行下去的时候，"半"就变成了"非半"，这是因为有"端"（极限点）存在的缘故。《墨经》还给出了得到"端"的两种方式：

（1）往同一个方向取（图8.23）：设木棒长为AB，去掉AB的一半得AB_1，去掉AB_1的一半得AB_2，去掉AB_2的一半得AB_3……依此至无穷次，便得到端点A。

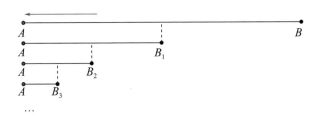

图 8.23　往 A 点取

（2）从两边往中间同时取（图8.24）。先取AB的中点C，从前面去掉AC的一半AA_1，从后面去掉CB的一半B_1B，剩下A_1B_1，然后再去掉A_1C的一半A_1A_2，CB_1的一半B_2B_1，得A_2B_2，无限进行下去，得到"端"C点。

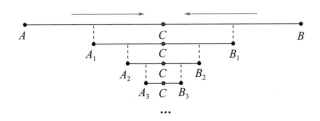

图 8.24　往中间取

刘徽继承和发展了极限思想，他将极限思想应用于实践，其中最典型的方法就是计算圆的面积时建立的"割圆术"。

简单来讲，就是要计算一个圆的面积，那么我们可以在圆内作圆内接正多边形。当圆内接正多边形的边数无限增加的时候，它的周长就无限接近于圆的周长，如图8.25，而它的面积的极限也就是圆面积（其面积的误差可以忽略不计）。

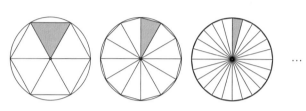

图 8.25　割圆术

由此可见，刘徽的"割圆术"与近代的极限方法是基本一致的。以极限思想为基础的"割圆术"，除了证明《九章算术》中圆面积公式，还建立了推算圆周率的科学方法。刘徽从圆内接正六边形一直算到圆内接正192边形的面积，利用圆周率 $\pi = \dfrac{周长}{直径}$，得出了圆周率 π 的近似值为3.14，这便是有名的"徽率"。

此外，南北朝祖暅之推算体积公式过程中提出的"祖暅原理"：幂势既同，则积不容异。本质上也是极限思想的体现。

8.4.2　数尽其用——极限思想的应用

数学名家徐利治先生在讲极限的时候，总要引用李白题为《送孟浩然之广陵》诗中的一句："孤帆远影碧空尽"，让大家体会一个变量趋向于0的极限意境。

极限思想最早是为了解决生活中的实际问题，时至今日，极限思想更是成为一种重要的思想方法，它不仅可以应用在数学领域，更是对哲学、物理、金融等学科有着很深的影响。

我们通过一个有趣的案例来感受极限在经济生活中的应用——"农夫分牛"的数学原理。

从前，有一个农夫，养了19头牛，在去世前想要把这19头牛分给自己的三个儿子。遗嘱是这样写的：老大分得牛的总数的 $\frac{1}{2}$，老二分得 $\frac{1}{4}$，老三分得 $\frac{1}{5}$。并且，既不能把牛杀死，也不能卖了分钱。农夫去世后，兄弟三人怎么也想不出办法把牛分完，只好向聪明的邻居请教。

邻居想了想说："我借给你们1头牛，就好分了。"这样，老大得到20头牛的 $\frac{1}{2}$ 为10头，老二得到 $\frac{1}{4}$ 为5头，老三得到 $\frac{1}{5}$ 为4头，合计刚好为19头，剩下1头牛还给这个邻居，恰好分完。

农夫的问题得到解决，邻居的聪明才智令人赞扬。我们再仔细思考一下，这样分牛合理吗？也就是说，老大、老二和老三得到的牛数是否真的与农夫的遗嘱丝毫不差呢？

我们来计算一下这个问题。第一次分后，老大得到 $19 \times \frac{1}{2}$ 头牛，老二得到 $19 \times \frac{1}{4}$ 头牛，老三得到 $19 \times \frac{1}{5}$ 头牛。由于牛不能分割，分数的分法在这里不起作用，这就是农夫儿子想不出办法的原因。为什么会出现分数而不是整数呢？按照农夫的遗嘱，第一次分后不能够把19头牛完全分完，还剩$\frac{19}{20}$头牛。每个人必须按照遗嘱继续分掉剩下的牛。

第二次分后，牛也没有分完，还剩下$\frac{19}{20^2}$头牛。每个人按照遗嘱继续分牛。继续分下去，也就是说，

老大得到的牛头数为$19 \times \frac{1}{2} + \frac{19}{20} \times \frac{1}{2} + \frac{19}{20^2} \times \frac{1}{2} + \cdots = \frac{19 \times \frac{1}{2}}{1 - \frac{1}{20}} = 10$

老二得到的牛头数为$19 \times \frac{1}{4} + \frac{19}{20} \times \frac{1}{4} + \frac{19}{20^2} \times \frac{1}{4} + \cdots = \frac{19 \times \frac{1}{4}}{1 - \frac{1}{20}} = 5$

老三得到的牛头数为$19 \times \frac{1}{5} + \frac{19}{20} \times \frac{1}{5} + \frac{19}{20^2} \times \frac{1}{5} + \cdots = \frac{19 \times \frac{1}{5}}{1 - \frac{1}{20}} = 4$

由此我们可以看到，经过极限计算的结果与邻居的分牛方法完全一致。这说明，利用极限思想能准确圆满地解决某些日常生活中的数学难题。

除此之外，在哲学中，极限思想的建立使数学摆脱了许多与无穷有关的悖论的困扰；在物理中，一些物理量常常需要表达"间隔""段"的思想，而一些物理量需要表达"位置""点""刻"的思想，这是截然不同的两种思想，但两种思想的转化，就是极限思想的运用；极限思想是一种重要的数学思想，用无限逼近的方式从有限中认识无限，从近似中认识精确，在数学解题等方面也有着重要的作用。

8.4.3 躬行实践——折圆

【情境】

用一张正方形纸，按下图这样尽量对折数次后，剪成一个等腰三角形，展开后可以得到一个怎样的图形？当对折次数无限进行下去，展开后是什么图形？

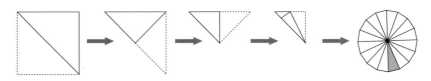

【分析】

如上图所示，正方形进行对折、裁剪，展开后得到一个正多边形。正多边形边数越多，其形状就越接近圆。所以，按图示方法无限次对折正方形纸，展开后可以得到一个近似的圆。

参考文献

[1] 刘钝. 大哉言数[M]. 沈阳：辽宁教育出版社，1993.

[2] 王慧. 古代科学 文化的脉络[M]. 合肥：黄山书社，2016.

[3] 马知遥. 中国非物质文化遗产小学生读本 低年段[M]. 济南：济南出版社，2018.

[4] 曹纯. 九章算术译注[M]. 上海：上海三联书店有限公司，2015.

[5] 李兆华. 沈括的隙积术和会圆术[J]. 中等数学，1984(01)：44-45.

[6] 钱宝琮. 中国数学史[M]. 北京：商务印书馆，2019.

[7] 石耀霖，陈棋福，马丽. 遗传算法及其在地震科学中的一些应用[A]. 第四次学术大会论文摘要集. 中国地震学会，1992：1.

[8] 郭建科，张仁平，邹孙楷，等. Dijktra改进算法及其在地理信息系统中的应用[J]. 计算机系统应用，2007(01)：59-62.

[9] 周济，兰毅辉. 中国古代分类思想的共性和个性[J]. 科学技术与辩证法，1989(03)：56-58.

[10] 王慧娟. 《黄帝内经》分类思维及其形成研究[D]. 北京中医药大学，2015.

[11] 王成功. 你想不到的数学(一)-生活中的函数图象[J]. 新世纪智能，2018(29).

[12] 武家璧，武旸. 中国古代"天圆地方"宇宙观及其数学模型[J]. 自然辩证法通讯，2014，36(02)：30-37；125-126.

[13] 覃嫔. 舞蹈艺术的训练研究[M]. 北京：北京理工大学出版社，2018.

[14] 武丽雯. 中国方圆思想对理想人格的启发[J]. 名家名作，2021(2)：82-83.

[15] 杨晓丹，耿铭泽. 秦半两的设计元素与文化基因[J]. 长春金融高等专科学校学报，2016(3)：41-46.

[16] 高伟. 红山文化祭天祭坛的形制特点及其内涵继承——以牛河梁红山文化遗址圆形祭坛与北京天坛为例[J]. 赤峰学院学报（哲学社会科学版），2016，37(9)：10-12.

[17] 袁珂. 中国神话通论[M]. 成都：巴蜀书社. 1993.

[18] 蔡天新. 草船借箭之"猜想"[J]. 家教世界，2019(16)：46.

[19] 雍余生. 小概率事件及其应用[J]. 江南大学学报，1997，12(04).

[20] 于雪梅. 小概率事件特点、原理及其应用[J]. 科技风，2017，(16)：256，261.

[21] 金义明. 神奇的数学（二）[M]. 杭州：浙江工商大学出版社，2019.

[22] 吴文俊. 《九章算术》与刘徽. 北京：北京师范大学出版社，1982.

[23] 李兆华. 中国数学史基础[M]. 天津：天津教育出版社，2010.

[24] 卢荫慈. 中国古代科技之花[M]. 太原：山西人民出版社，1983.

[25] 孙宏安. 《九章算术》思想方法的特点[J]. 辽宁师范大学学报（自然科学版），1997(04)：25-30.

[26] 郭书春. 古代世界数学泰斗刘徽[M]. 济南：山东科学技术出版社，1992.

[27] 丛山. 数学文化[M].合肥：中国科学技术大学出版社，2017.

[28] 张莉. 试论刘徽的数学思想方法[J]. 自然辩证法研究,2007(12)：100-105.

[29] 贾敬堂. 浅析极限思想在经济生活中的应用[J]. 邯郸职业技术学院学报，2012，25(04)：39-42.

[30] 张雄. 黄金分割的美学意义及其应用[J]. 自然辩证法研究，1999(11).

[31] 许平山，丁同文，李宁. 黄金分割法在男西服中的应用[J]. 纺织学报，2015(01).